dtv

Naturwissenschaftliche Einführungen im dtv

Herausgegeben von Olaf Benzinger

Jeanne Rubner, geboren 1961, arbeitet seit 1988 als Journalistin. Nach dem Studium der Physik promovierte sie an der Technischen Universität in München über ein Thema der theoretischen Gehirnforschung. Seit 1990 ist die Mutter dreier Kinder Redakteurin bei der ›Süddeutschen Zeitung‹, zunächst im Wissenschaftsressort, heute in der Innenpolitik. Buchpublikationen: ›Was Frauen und Männer so im Kopf haben‹ (1996) und ›Bilden statt Pauken‹ (2003).

Vom Wissen und Fühlen

Einführung in die Erforschung des Gehirns

Von
Jeanne Rubner

Mit Schwarzweißabbildungen von
Nadine Schnyder

Deutscher Taschenbuch Verlag

Originalausgabe
Juli 1999
2., vollständig überarbeitete Auflage
September 2004

Umschlagkonzept: Balk & Brumshagen
Umschlagfoto: © Getty Images/UHB Trust
Redaktion und Satz: Lektyre Verlagsbüro
Olaf Benzinger, Germering
Druck und Bindung: Druckerei C. H. Beck, Nördlingen
Gedruckt auf säurefreiem, chlorfrei gebleichtem Papier
Printed in Germany · ISBN 3-423-34120-3

Inhalt

Vorbemerkung des Herausgebers

Die Anzahl aller naturwissenschaftlichen und technischen Veröffentlichungen allein der Jahre 1996 und 1997 hat die Summe der entsprechenden Schriften sämtlicher Gelehrter der Welt vom Anfang schriftlicher Übertragung bis zum Zweiten Weltkrieg übertroffen. Diese gewaltige Menge an Wissen schüchtert nicht nur den Laien ein, auch der Experte verliert selbst in seiner eigenen Disziplin den Überblick. Wie kann vor diesem Hintergrund noch entschieden werden, welches Wissen sinnvoll ist, wie es weitergegeben werden soll und welche Konsequenzen es für uns alle hat? Denn gerade die Naturwissenschaften sprechen Lebensbereiche an, die uns – wenn wir es auch nicht immer merken – tagtäglich betreffen.

Die Reihe ›Naturwissenschaftliche Einführungen im dtv‹ hat es sich zum Ziel gesetzt, als Wegweiser durch die wichtigsten Fachrichtungen der naturwissenschaftlichen und technischen Forschung zu leiten. Im Mittelpunkt der allgemeinverständlichen Darstellung stehen die grundlegenden und entscheidenden Kenntnisse und Theorien, auf Detailwissen wird bewusst und konsequent verzichtet.

Als Autorinnen und Autoren zeichnen hervorragende Wissenschaftspublizisten verantwortlich, deren Tagesgeschäft die populäre Vermittlung komplizierter Inhalte ist. Ich danke jeder und jedem Einzelnen von ihnen für die von allen gezeigte bereitwillige und konstruktive Mitarbeit an diesem Projekt.

Die Frage, wie unser Gehirn arbeitet und funktioniert, ist eine der spannendsten Fragen der Naturwissenschaften. Wie sehen, hören, riechen wir? Warum und wie können wir sprechen? Was ist Intelligenz? Wodurch geraten unsere kleinen grauen Zellen aus dem Takt, und wie äußert sich das für die Betroffenen? – Fragen über Fragen, denen Jeanne Rubner in diesem Buch mit großer Klarheit nachgeht. Dabei kann sie auf aktuelle Forschungsergebnisse zurückgreifen, denn gerade durch die neuen Bildgebungsverfahren wie Positronen-Emissions- und Kernspintomografie ist es dem Menschen zum ersten Mal gelungen, dem Gehirn beim Denken zuzuschauen. Daneben erörtert die Autorin auch Gegenwart und Zukunftsaussichten der Künstlichen Intelligenz, eines Forschungsgebiets, dessen Ergebnisse das weitere Leben des Menschen in höchstem Maße verändern können.

Seit dem ersten Erscheinen dieses Bandes im Juli 1999 sind die technische Entwicklung und die damit verbundenen Anwendungsmöglichkeiten allerdings rasch fortgeschritten. Daher hat die Autorin eine umfassende Aktualisierung des Buches vorgenommen, die wir mit dieser neuen Auflage vorlegen.

Olaf Benzinger

Einsteins Gehirn

Als Thomas Harvey das Skalpell ansetzte, wusste er, dass dies keine gewöhnliche Autopsie sein würde. Vor dem Pathologen, im Krankenhaus des kleinen amerikanischen Universitätsstädtchens Princeton, lag die Leiche eines der berühmtesten Männer der Welt: Albert Einstein. Sieben Stunden zuvor war der Physiker gestorben: an einer geplatzten Gefäßerweiterung, wie Harvey später feststellte.

Nachdem der Arzt den Körper obduziert hatte, machte er sich an den Kopf. Vorsichtig entnahm er das Gehirn, im vollen Bewusstsein, damit eines der größten Geheimnisse in der Hand zu halten. Ließ sich vielleicht an den Hirnwindungen das Genie dieses Mannes erkennen? Bargen die kleinen grauen Zellen des größten Naturwissenschaftlers des 20. Jahrhunderts das Geheimnis der Intelligenz?

Auch Thomas Harvey kannte Albert Einstein, der seit seiner Emigration aus Deutschland am renommierten Institute for Advanced Studies in Princeton geforscht hatte. Der Arzt arbeitete am Krankenhaus des kleinen Städtchens in New Jersey. Kurz vor der Autopsie hatte er den berühmten Physiker sogar persönlich am Krankenbett besucht, um ihm Blut für eine Untersuchung abzunehmen.

Jetzt also lag Einstein tot auf der Bahre im Leichenhaus. Harvey hatte den Auftrag für die Autopsie erhalten, von einer Entnahme des Gehirns war jedoch nicht die Rede gewesen. Doch der Pathologe schnitt das Gehirn aus dem Schädel heraus mit dem Vorsatz, es später zu untersuchen, wie er sagte. Als Einsteins Angehörige davon erfuhren, waren sie zunächst skeptisch, doch sie willigten schließlich ein – unter der Bedingung, dass Ergebnisse der Hirnautopsie nur in Fachjournalen veröffentlicht werden dürften. Die Leiche wurde verbrannt, ein Kollege von Einstein verstreute die Asche an einem noch immer geheimen Ort.

Nachdem er das Gehirn entnommen hatte, legte Harvey es auf die Waage. Sie zeigte 1230 Gramm an, was eher am unteren Ende der Skala ist. Das durchschnittliche Gehirn eines männlichen Amerikaners oder Europäers wiegt nämlich 1400 Gramm. Doch Harvey war Wissenschaftler genug, um daraus keine Schlüsse zu ziehen. Ein Jahrhundert zuvor hatte der Pariser Nervenarzt Paul Broca zahllose Denkorgane vermessen und gewogen, mit dem Ziel, eine Gleichung zwischen Masse und Intelligenz aufzustellen. Broca scheiterte schließlich an schwerhirnigen Dummköpfen einerseits und Berühmtheiten andererseits, deren Hirne auf gerade mal 1200 Gramm kamen.

Thomas Harvey präparierte das Gehirn, indem er Formaldehyd in die Arterien spritzte und dann die graue Masse in die gleiche Flüssigkeit legte. Später vermaß er das Organ, fotografierte es von allen Seiten und zerteilte es in insgesamt 170 Stücke. Von etlichen fertigte eine Technikerin Schnitte an, die eingefärbt und zwischen Glasplättchen gelegt wurden.

Der Pathologe behielt etwa 200 Proben, den Rest schickte er an bekannte Neurologen und Anatomen mit der Bitte, die Proben unter dem Mikroskop auf Besonderheiten zu untersuchen. Seltsamerweise kam dabei nie etwas heraus. Harvey, der eine Zeit lang Kontakt zu seinen Kollegen gehalten hatte, scheint das Projekt später aufgegeben zu haben. Nach einigen anderen beruflichen Stationen ließ er sich als Gefängnisarzt in Kansas nieder.

Vielleicht wäre damit die Geschichte von Einsteins Gehirn in Vergessenheit geraten, hätte sich nicht ein neugieriger Journalist auf die Suche gemacht. Steven Levy, der damals für die Zeitschrift ›New Jersey Monthly‹ arbeitete, spürte im Auftrag seines Chefredakteurs Harvey in Kansas auf. Der Pathologe gab zu, Teile des Gehirns zu besitzen – und tatsächlich: Harvey kramte vor den Augen des ungläubigen Levy zwei große Einmachgläser mit Einsteins Hirn aus einem Schrank hervor – nicht ohne zu erwähnen, dass er keine Anzeichen für irgendeine Besonderheit der kleinen grauen Zellen gefunden habe.

Nachdem Steven Levy seine Geschichte geschrieben hatte, war die Aufregung groß. Harveys Haus wurde von Journalisten und Kamerateams belagert, Levy tagelang interviewt. Zahlreiche Artikel erschienen. Ein paar Jahre später stellte sich Marian Diamond dem früheren Princetoner Pathologen vor. Die bekannte Neuroanatomin von der Universität von Kalifornien in Berkeley war von ihren Studenten auf den Fall aufmerksam gemacht worden, die ein Bild aus einer Zeitschrift mit einer Rekonstruktion von Einsteins Gehirn im Hörsaal aufgehängt hatten. Ohne die Vorgeschichte zu kennen, beschloss Diamond, Einsteins Hirn zu untersuchen. Sie bat Harvey um ausgewählte Proben, die der Arzt ihr prompt in einem kleinen Majonäseglas schickte.

Marian Diamond hatte sich genau überlegt, welche Teile von Einsteins Gehirn sie unters Mikroskop legen wollte. Als Anatomin kannte sie jede Windung der grauen Materie, und es lag nahe, jene Bereiche zu studieren, die möglicherweise mit Einsteins besonderer Intuition für die Physik zusammenhingen. Der französische Mathematiker Jacques Hadamard hatte sich dafür interessiert, in welchen geistigen Bildern Mathematiker denken. Als er Einstein fragte, ob dessen Gedankenwelt eher sprachlich oder visuell sei, antwortete der Physiker, dass geschriebene oder gesprochene Wörter keine besondere Rolle bei seinen Denkvorgängen spielten. Vielmehr fühlte er sich durch das Verlangen getrieben, zu logischen Konzepten zu kommen, wobei sein Gehirn beim Denken ein eher vages Spiel mit Bildern trieb.

Marian Diamond wählte deshalb zwei Gebiete, eines im oberen Stirnlappen, das andere im hinteren Schläfenlappen.

Von beiden weiß man, dass sie verschiedene Wahrnehmungen und Informationen kombinieren – sie heißen deshalb auch Assoziationsfelder und spielen wahrscheinlich beim Denken und Planen eine wichtige Rolle. Schläfen- und Stirnlappen sind im Verlauf der Evolution beim Menschen besonders stark gewachsen. Teile des Stirnlappens scheinen eine wichtige Rolle beim Kurzzeitgedächtnis zu spielen, bei der Aufmerksamkeit sowie bei der Fähigkeit, abstrakt und in Kategorien zu denken.

All dies, vermutete Diamond, sollte bei einem Genie vom Range Albert Einsteins besonders ausgeprägt sein. Sie machte sich daran, Nervenzellen zu zählen. Genauer gesagt, sie verglich die Zahl von Neuronen mit der von Gliazellen: Deren Name kommt vom griechischen Wort für Leim, doch die Gliazellen sind mehr als nur Stützgewebe. Sie wirken auch als Müllabfuhr und beseitigen Trümmer abgestorbener Nervenzellen, und vermutlich tragen sie zur Ernährung der Zellen bei. Alles in allem scheint es, dass eine hohe Zahl von Gliazellen im Vergleich zu Nervenzellen in einem ausgewählten Kubikmillimeter Hirnrinde ein Zeichen für besondere Aktivität ist.

Diamond fand in allen vier Proben (zwei für jede Hirnhälfte) ein vergleichsweise hohes Verhältnis von Glia- und Nervenzellen. Statistisch aussagekräftig war allerdings nur die Zahl für den linken Schläfenlappen. Für Diamond, die – entsprechend der Wünsche von Einsteins Erben – ihre Ergebnisse 1985 in der Fachzeitschrift ›Experimental Neurology‹ veröffentlichte, ist das Ergebnis in jedem Fall ein Hinweis auf Einsteins besondere Geisteskräfte.

Ein paar Jahre nach Marian Diamond untersuchte eine andere Forscherin das berühmte Gehirn nochmals. Auch Sandra Witelson in Kanada hatte 1996 ein Angebot von Harvey erhalten und sie nahm an. Unter dem Mikroskop entdeckte sie, dass Einsteins untere Scheitellappen etwa 15 Prozent breiter waren als bei Durchschnittsmenschen. Und eine Furche, die diesen unteren Scheitellappen in Höhe des Ohrs durchläuft, hat Witelson zufolge eine ungewöhnliche Form. Sie schließt daraus, dass die Nervenzellen in diesem Hirnbereich, der zuständig ist für das dreidimensionale Vorstellungsvermögen und das mathematische Denken, bei Einstein besonders schnell Botschaften austauschen konnten.

Andere Forscher sind skeptisch, denn die genaue Aufgabe der Gliazellen, die Diamond als Einstein'sche Besonderheit ausgemacht haben will, ist nicht bekannt. Auch die Hirnwindungen, in denen Witelson das Geheimnis des Genies zu sehen glaubt, unterscheiden sich von Mensch zu Mensch sehr stark. Noch ist zu wenig über den Zusammenhang zwischen Aufbau und Arbeitsweise des Gehirns bekannt, um an Hand einzelner Hirne Schlüsse zu ziehen. Auch die russischen Wissenschaftler, die jahrzehntelang Lenins Denkorgan untersuchten, haben mittlerweile aufgegeben.

Ohnehin sind viele andere Fragen offen. Eben jene, was Intelligenz überhaupt ist. Ein hoher IQ? Eine gewisse Kreativität, die Einstein zweifellos besaß und die es erlaubt, aus bekannten Denkmustern auszubrechen? Oder aber ein Gespür für soziale Situationen?

Und sollte man sich eines Tages auf eine Definition der Intelligenz einigen – wie kommt sie überhaupt zustande? Haben intelligente Menschen mehr Nervenzellen? Oder leiten ihre Fasern Informationen schneller weiter? Oder aber können sich ihre Zellen besser zu Gruppen zusammenschalten, um Neues zu lernen? Fragen, Fragen, Fragen. Sie bringen uns zu der prinzipiellen Frage, wie das Gehirn überhaupt funktioniert, die vielleicht spannendste Frage der gesamten Wissenschaft. Denn was könnte spannender sein, als etwas zu verstehen, das sich selbst versteht – mit Hilfe der kleinen grauen Zellen darüber nachzudenken, wie eben genau diese Zellen denken?

Jahrhundertelang galt das Gehirn als eine »Black Box«, eine schwarze Kiste. Man konnte sie zumindest im lebenden

Zustand nur studieren, indem man beobachtete, was an Signalen hineinging und was wieder herauskam. Seit der Geburt der Computertomografie in den siebziger Jahren können Gehirnforscher durch eine Reihe von Fenstern in das Innere des Organs blicken. Sie entdecken, wo die Chemie des Gehirns gestört ist – mit katastrophalen Folgen wie Schizophrenie oder Depressionen. Sie verfolgen den Blutfluss im gesunden Gehirn, während sich ein Finger bewegt. Und sie fangen sogar die schnellen elektrischen Signale von Nervenschaltkreisen ein, die beim Sprechen aktiv sind.

Besonders spannend ist die Symbiose der verschiedenen Herangehensweisen. Immer häufiger arbeiten Neuropsychologen, die den groben Aufbau sozusagen »von oben« her studieren, mit Physiologen zusammen, die sich für das »unten« – eine oder mehrere Nervenzellen – interessieren. Impulse erhalten die beiden Lager wiederum von Informatikern, die auf dem Reißbrett abstrakte Modelle des Gehirns entwerfen. Sie wachsen oben und unten langsam zu einem einheitlichen Bild zusammen.

Um es vorwegzunehmen: Das Geheimnis von Einsteins Genie ist bis heute ungelöst. Jedenfalls ist es niemandem bislang gelungen, kreative Intelligenz und die Zahl von Nerven- oder Gliazellen auf einen Nenner zu bringen. Vielleicht müssen wir auch nur ein wenig demütiger sein in Anbetracht der unglaublichen Leistungsfähigkeit des Gehirns. Und sollten wir eines Tages zu dem Schluss kommen, dass auch das Gehirn nur eine Maschine ist, dann besteht kein Zweifel daran, dass sie genial konstruiert ist.

Eine geniale Maschine

Die Sprache der Nervenzellen

Der Bochumer Psychologe Onur Güntürkün hat es gewagt, einen Mythos anzukratzen: Delfine, so befand Güntürkün, sind nicht klüger als Tauben und sogar dümmer als Ratten. Unerhört, würde da wohl fast jeder am liebsten sagen. Tauben, diese schmutzigen flatternden Vögel, sollen den eleganten, lächelnden, fast menschenähnlichen Säugern das Wasser reichen können?

Delfine haben ein Gehirn, das sich durchaus mit dem des Menschen vergleichen lässt. Der Aufbau ist – wie bei allen Wirbeltieren – ähnlich: Zusammengefügt zu einer gigantischen Walnuss liegen die zwei Gehirnhälften unter der Schädeldecke.

Die Walnuss ist allerdings nicht hart, sondern fühlt sich an wie Gelee. Deshalb ist das Organ in mehrere Schutzschichten eingebettet, die unter der harten Schädeldecke ein weiches Polster bilden und Stöße auffangen. Unterhalb der beiden Hälften, auch Großhirnhälften genannt, schließt sich am Hinterkopf das Kleinhirn an, welches in den Hirnstamm und schließlich in das Rückenmark mündet. Großhirn, Kleinhirn und Rückenmark heißen auch zentrales Nervensystem, weil sie gemeinsam die Schaltzentrale des Körpers bilden. Im Gegensatz dazu besitzen wir noch das periphere Nervensystem, also jene Nerven, die in den Augen, den Armen, Beinen oder – im Fall der Delfine – den Flossen sitzen. Diese Nerven empfangen Informationen von der Außenwelt und leiten sie an das zentrale Nervensystem weiter.

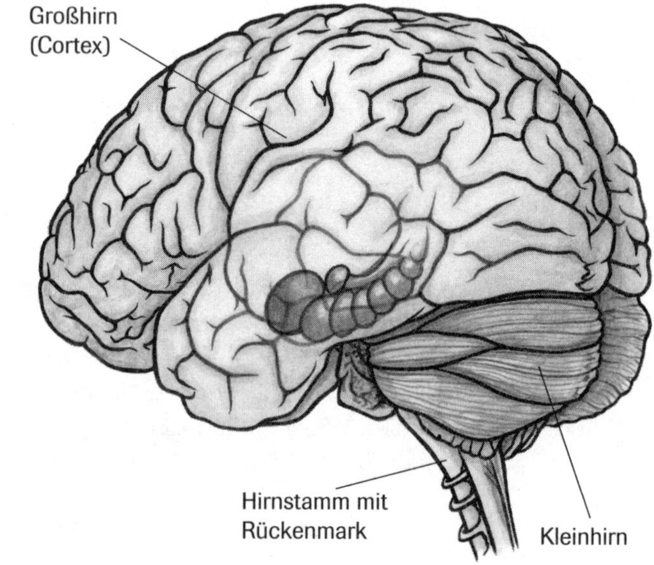

Der grobe Bauplan des Gehirns

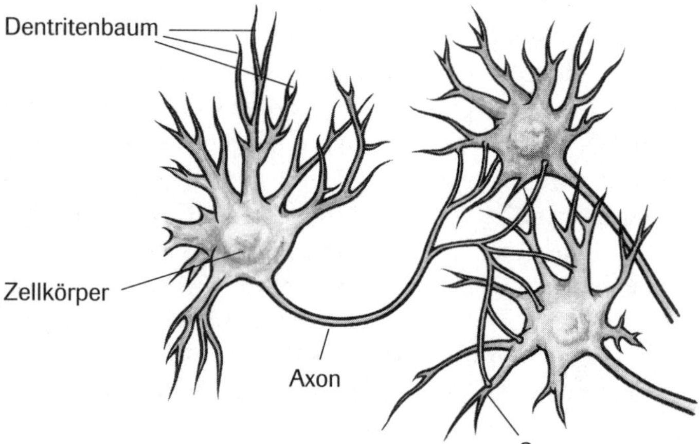

Nervenzellen und ihre Verbindungen

Zurück zum Paradoxon der intelligenten Delfine: Als man zum ersten Mal ein Delfingehirn untersuchte, war die Überraschung groß: Dieses ist nämlich nicht nur absolut gesehen recht groß, sondern kann sich auch verglichen mit der Körpergröße durchaus sehen lassen. Das relative Hirngewicht ist bei Tümmlern höher als bei Schimpansen und nur etwas niedriger als beim Menschen. Zudem ist die Hirnrinde stark gefaltet, was zunächst einmal auf große Fähigkeiten schließen lässt. Neben dieser anatomischen Besonderheit hat das sympathische Aussehen und die akrobatische Geschicklichkeit der Meeressäuger ihnen den Ruf, die intelligentesten Tiere zu sein, eingetragen. Doch Güntürkün sagt: Groß ist das Gehirn vor allem deshalb, weil die Bereiche für das Hören, die Bewegung und die Fähigkeit, neue Bewegungsabläufe zu lernen, viel Platz einnehmen. Die Hirnrinde selbst, der Cortex, wie Fachleute sagen, ist dagegen dünn und enthält verhältnismäßig wenig Nervenzellen – für Güntürkün der Grund dafür, dass Delfine zwar Akrobatikmeister sind, abstrakte Konzepte wie geometrische Figuren aber auch nicht schneller als Tauben oder Ratten lernen.

In den Nervenzellen steckt also das Geheimnis von Lernen und Intelligenz, von Liebe und Hass. Drei- bis vierhundert Milliarden dieser mikroskopischen Einheiten des Gehirns, auch Neuronen genannt, bilden das nur drei Pfund schwere Denkorgan – das sind knapp 150 000 Zellen unter jedem Quadratmillimeter der Hirnrinde. Zwar gibt es verschiedene Typen dieser Neuronen, aber ihr Aufbau ähnelt sich: Jedes Neuron hat einen einige Hundertstel Millimeter großen Zellkörper. Von der einen Seite des Körpers gehen Fasern ab, die Dendriten. Die andere Seite des Zellkörpers mündet in ein Kabel, das Axon, welches sich an seinem Ende verzweigt. Wenn eine Zelle mit anderen »spricht«, dann empfangen ihre Dendriten die Signale, und ihr Axon sendet seinerseits eine Botschaft aus.

Um miteinander zu kommunizieren, müssen die Zellen Kontakte knüpfen. Viele Nervenzellen haben auf ihren Dendriten zahlreiche kleine Knospen sitzen, häufig mehrere Zehntausende. An diese Knospen haften sich die Endstücke der Axone anderer Zellen. Die Kontakstellen heißen Synapsen, ein Wort, das vom griechischen *sunaptein* stammt, was so viel heißt wie »sich verbinden«.

Ein Blick ins Mikroskop auf einen Quadratmillimeter Cortex entmutigt zunächst: Ein unglaubliches Gewirr von Nervenzellen, rötlich-braun, manchmal auch grau: Die Zellkörper geben dem Cortex die Farbe, weshalb man häufig von der grauen Materie oder den kleinen grauen Zellen spricht. Auf den zweiten Blick fällt auf, wie dicht gepackt die Neuronen liegen. Mit ihren Axonen und Dendriten bilden sie ein enges Geflecht: einen wahren Neuronendschungel. Jede Zelle kann bis zu zehntausend Verbindungen mit anderen knüpfen: Das heißt, mehrere hundert Billionen Synapsen tun ihren Dienst unter unserer Schädeldecke, und in jedem Kubikmillimeter Hirnrinde befinden sich mehrere Kilometer Nervenfasern.

Ganz so unordentlich, wie sie auf den ersten Blick scheint, ist die Hirnrinde allerdings nicht, denn Zellen, die ähnliche Aufgaben übernehmen, sind im Cortex benachbart. Das Sehzentrum, der am besten untersuchte Teil des Gehirns, liefert dafür ein gutes Beispiel. Dort gibt es Gruppen von Zellen, die sich auf Kanten spezialisiert haben, während andere etwa Farben erkennen.

Tiefer unter der Gehirnoberfläche verlaufen Bündel von Nervenfasern. Unter dem Mikroskop betrachtet, sehen sie weiß aus, weshalb man auch von weißer Materie spricht. Obwohl jede Zelle zahlreiche Verbindungen nach außen hat, gibt es im Gehirn keinen Kabelsalat. Der Grund dafür liegt darin, dass ein Neuron vor allem Kontakte zu seinen nächsten Nachbarn knüpft. Zwar gibt es im Gehirn einige Langstreckenverbindungen – zum Beispiel führt der Sehnerv vom Auge zum Sehzentrum ins Gehirn oder ein Kabel von Nervenfasern verläuft vom Bewegungscortex hinunter bis ins Rückenmark –, doch die meisten Axone sind ziemlich kurz und die Verschaltung lokal. Das heißt, die meisten Nervenzellen wissen gar nichts davon, was an anderen Stellen des Gehirns passiert.

Wenn eine Nervenzelle mit einer anderen spricht, dann ist die Botschaft teils elektrisch, teils chemisch. Zuerst entsteht im Zellinneren ein kurzer elektrischer Impuls, eine Art Spannungsstoß. Der breitet sich aus und wandert entlang des Axons zu dessen verzweigten Enden. Hier trifft er auf die Kontaktstellen mit anderen Neuronen, und damit beginnt die chemische Story. Es ist nämlich nicht so, dass das elektrische Signal einfach vom Axonende der einen Zelle zur dendritischen Knospe der anderen wandern kann. Dazwischen liegt nämlich ein – einige Bruchteile eines Mikrometers großer – Spalt. Wie schafft das Signal den Sprung?

Wenn der elektrische Impuls an der Synapse ankommt, bewirkt er, dass sich kleine, mit Chemikalien gefüllte Bläschen öffnen. Diese chemischen Botenstoffe, auch Neurotransmitter genannt, können den Zwischenraum überqueren. Auf der anderen Seite treffen sie auf eine Membran, die spezielle Rezeptoren enthält, Moleküle also, an denen sich die Neurotransmitter festhaken können – ähnlich einem Schloss, in das nur ein bestimmter Schlüssel passt. Wenn mehrere Botenmoleküle ihr Schloss gefunden haben, ändert sich die elektrische Spannung der Membran. Die Nervenzelle, die am anderen Ende der Synapse sitzt, kann dann wieder einen Impuls feuern und damit das elektrische Signal weiterleiten. Oder aber ein Signal wird blockiert und darf den Spalt nicht passieren.

Eine elektrische und eine chemische Sprache – das klingt ziemlich kompliziert, zumal es an die fünfzig verschiedene Botenstoffe gibt, die im Gehirn ihren Dienst leisten. Aber wahrscheinlich hat die chemische Vielfalt einen Sinn. Nur durch das aufeinander abgestimmte Konzert der Neurotransmitter kann das Gehirn seine großartigen Leistungen erbringen. Die Kehrseite der Medaille: Wenn ein Botenstoff versagt oder das Zusammenspiel gestört ist, wenn also die Chemie des Gehirns irgendwie durcheinander gerät, dann können die Folgen schwerwiegend sein: Depression, Schizophrenie, Parkinson – um nur einige Geisteskrankheiten zu nennen.

Bei Parkinson-Patienten etwa sterben Nervenzellen in der so genannten »Substantia nigra« ab, einem kleinen dunklen Kern im Gehirn. Diese Nervenzellen produzieren normalerweise Dopamin, und mit ihrem Schwund entsteht ein Mangel an diesem Botenstoff. Als Folge davon leiden Parkinson-Patienten unter Zitteranfällen, ihre Glieder sind steif und ihr Gleichgewichtssinn gestört. Man gibt den Erkrankten deshalb L-Dopa, eine chemische Vorläufersubstanz des Dopamins. L-Dopa bewirkt, dass der Neurotransmitter wieder vermehrt produziert wird – Schüttellähmung und Gliederstarre nehmen ab. Allerdings beobachten Ärzte, dass zeitweilig Symptome auftreten können, die typisch für Schizophrenie sind. Und weil Medikamente, die Dopamin-Rezeptoren blockieren, auch die Schizophrenie-Symptome mildern, vermutet man, dass Dopamin auch eine Rolle bei dieser Geisteskrankheit spielt.

Neben Dopamin und den ihm verwandten Monoaminen gibt es noch einfache Eiweißbausteine oder Aminosäuren, die als Neurotransmitter wirken. Praktisch allgegenwärtig im Gehirn ist Glutamat. Der Botenstoff ist einer der wichtigsten Neurotransmitter. Mittlerweile ist Glutamat ins Gerede gekommen, genau genommen allerdings nicht der natürlich im Gehirn vorhandene Botenstoff, sondern die synthetisch hergestellte Substanz Glutamat. In Deutschland ist das »künstliche« Glutamat, das mit dem Gehirn-Botenstoff chemisch identisch ist, als Geschmacksverstärker bekannt. Zu hohe Mengen von Glutamat im Gehirn wirken giftig, weil sie bestimmte Stoffwechselprozesse, die viel Energie brauchen, beschleunigen. Dadurch kann der normale Stoffwechsel zusammenbrechen, Nervenzellen sterben ab. Glücklicherweise kann Glutamat nicht ohne weiteres ins Gehirn gelangen. Es gibt nämlich eine Art chemischen Stacheldraht, die so genannte Blut-Hirn-Schranke, welche die Nervenzellen vor fremden Molekülen schützt und allenfalls ein paar davon passieren lässt.

Manche Menschen reagieren allerdings auch auf kleine Mengen Glutamat allergisch. Nach dem Verzehr von Speisen, die mit Geschmacksverstärker gewürzt sind, leiden sie unter Kopfschmerzen, Schwindelanfällen oder Taubheit in den Gliedmaßen – Symptome, die in Amerika auch unter dem Namen Chinesisches-Restaurant-Syndrom bekannt sind, weil Chinesen ihr Essen besonders kräftig mit Glutamat würzen.

Zu den Aminosäuren zählt auch die Gammaaminobuttersäure, kurz GABA. Sie ist der wichtigste hemmende Botenstoff im Gehirn, das heißt, sie führt dazu, dass die elektrische Erregung einer Zelle sich nicht ausbreiten kann. Valium und andere Beruhigungsmittel wirken, indem bestimmte Stellen an der Oberfläche der GABA-Rezeptoren besonders aktiv werden. Das heißt, der Neurotransmitter heftet sich dort an und die elektrische Aktivität der Nervenzellen wird noch stärker als normal gehemmt.

Gehirnrinde, Nervenzellen, Synapsen, Botenstoffe – das sind die Ebenen des Gehirns. Ohne Botenstoffe keine elektrischen Signale, ohne elektrische Signale kein Sehen, Denken oder Fühlen. Sind chemische Substanzen die Grundlage für alles, sind Moleküle also die Atome unseres Geistes? Sigmund Freud schrieb 1914: »Wir müssen uns daran erinnern, dass all unsere vorläufigen Ideen in der Psychologie sich eines Tages auf der Basis organischer Substrate erklären werden lassen. Es scheint wahrscheinlich, dass es bestimmte chemische Substanzen und Prozesse gibt, welche die Folgen der Sexualität bewirken.« Der Ödipuskomplex – nichts anderes als eine Kette chemischer Reaktionen?

Training für das Gehirn

Als Samuel Weiss die Glasschälchen in seinem Labor genau untersuchte, traute er seinen Augen nicht. Was der kanadische Wissenschaftler von der Universität in Calgary sah, widersprach dem, was er als Student gelernt hatte: In den Schälchen hatten sich neue Nervenzellen gebildet. Im Rückenmark bilden sich neue Blutzellen, in der Epidermis neue Hautzellen.

Nach sieben Jahren, so schätzen Experten, haben sich alle Organe quasi erneuert – mit einer Ausnahme: das Gehirn. Doch das Dogma des statischen Gehirns gerät immer mehr ins Wanken. Etlichen Forschergruppen ist es gelungen, durchtrennte Nervenfasern wachsen zu lassen, andere zeigten, dass sich zumindest im Hippocampus, einem Bereich, der für das Gedächtnis wichtig ist, immer wieder neue Zellen bilden. Was vor zwanzig Jahren noch als Utopie zählte, nämlich Querschnittsgelähmte zu heilen, gilt heute als prinzipiell möglich: Vor allem Tierversuche, bei denen Nervenwachstumsfaktoren verabreicht oder deren Gegenspieler unterdrückt werden, sind viel versprechend. Und selbst wenn noch unklar ist, unter welchen Bedingungen sogar neue Nervenzellen sich bilden – Weiss' sensationelle Versuche wecken Hoffnung: Eines Tages könnte es möglich sein, durch einen Schlaganfall geschädigte Gebiete anzuregen, Zellen sprießen zu lassen – möglicherweise durch embryonale Stammzellen.

Dass auch die Verdrahtung im Gehirn nicht auf ewig ausgelegt ist, hat Michael Merzenich an Affen demonstriert. Der Forscher von der Universität von Kalifornien in Berkeley amputierte Tieren den Ringfinger und untersuchte einige Monate später ihr Gehirn. Jenen Bereich, der ursprünglich Signale des Ringfingers verarbeitete, hatten mittlerweile andere Gliedmaßen in Besitz genommen. Auch blinde Katzen können wieder lernen, Mäuse zu fangen – allein durch den Geruch, den ihre Schnurrhaare einfangen. Das Phänomen ist auch bei Menschen bekannt: Blinde hören bekanntermaßen besser, weil sie gezwungen sind, andere Sinne als das Sehen zu trainieren. Kürzlich gelang es Leonardo Cohen von den US-Gesundheitsinstituten nachzuweisen, dass Blinde beim Lesen von Brailleschrift nicht nur die Bereiche für Feinmotorik, sondern auch das Sehzentrum nutzen, von dem man annehmen würde, es läge brach. Auch für weitgehend gesunde Hirne gilt, dass sie flexibler sind als bisher angenommen.

Spezialisierte Bereiche können sich neu organisieren, wie ein Experiment belegt. Versuchspersonen sollten lernen, mit ihren Fingern in einer festgelegten Reihenfolge gegen den Daumen zu klopfen. Sie übten das Klopfmuster zehn Minuten täglich und wurden dabei immer schneller. Zugleich wurde in regelmäßigen Abständen eine Kernspin-Aufnahme ihres Gehirns gemacht. Als Vergleich diente eine andere Aufgabe, die darin bestand, mit den Fingern in genau entgegengesetzter Reihenfolge gegen den Daumen zu klopfen. Während der ersten Woche glichen sich die Aktivitätsmuster im Gehirn. Doch nach vier Wochen beanspruchte der für Bewegung zuständige Motorcortex mehr Platz bei der eingeübten Aufgabe als bei dem Vergleichstest. Der Grund: Nach dem Training ist ein zusätzlicher Nervenverbund entstanden, der fortan für die gelernte Fingerbewegung zuständig ist. Ein Hochleistungssportler muss täglich seine Muskeln trainieren, damit er Rekorde erreicht, ein Profimusiker ein paar Stunden üben. Ebenso will das Gehirn trainiert werden, um fit zu bleiben oder auch um bessere Leistungen zu erzielen. Frauen zum Beispiel tun sich schwerer als Männer, Landkarten zu lesen oder sich in einer fremden Stadt zurechtzufinden. Doch sie können ihre räumlichen Fähigkeiten durchaus trainieren.

Sicher ist, dass Botenstoffe eine Grundlage für das Verständnis des Gehirns bilden. Sie sind so etwas wie die Buchstaben der Gehirnsprache. Nur: Mit Buchstaben allein ist eine Sprache nicht verstanden. Dazu gehören Wörter und eine Grammatik, deren Regeln festlegen, wie man die Wörter zu Sätzen anordnen darf. Und während die Buchstaben chemisch sind, sind die Wörter elektrisch.

Wie weiß zum Beispiel ein Muskel, dessen Zellen ein elektrisches Signal aus dem Gehirn erhalten, ob er sich viel oder wenig zusammenziehen soll? Die Antwort ist einfach: Es hängt davon ab, mit welcher Rate die Neuronen im Gehirn ihre Botschaft an die Muskelzellen schicken. Viele elektrische Impulse in kurzen Abständen hintereinander bedeuten demnach ein starkes Signal, ein schwaches dagegen besteht aus Pulsen in längeren Abständen. Die Sprache der Nervenzelle ist also eine Art Morse, bei dem das Klopfen dem »Feuern« elektrischer Signale entspricht.

Wenn die Buchstaben chemisch sind, die Wörter elektrisch, dann bleibt noch die Frage, was die Grammatik des Gehirns ausmacht. Wie schon erwähnt, gruppieren sich die Nervenzellen zu spezialisierten Einheiten. Im Sehzentrum etwa gibt es Bereiche mit Neuronen, die darauf spezialisiert sind, Farben zu erkennen, Formen oder auch Bewegung. Die vielfältigen Verbindungen zwischen diesen Bereichen ermöglichen uns, das bunte Bild einer Frühlingslandschaft nicht als inkohärente Farbflecken oder schwarzweiße Konturen zu sehen, sondern als Einheit grüner Bäume vor einem weißen Haus mit rotem Dach.

Nervenzellen sind also nicht Alleskönner, sondern sie übernehmen meist bestimmte Aufgaben. Das lässt vermuten, dass auch das Gehirn als Ganzes nicht ein unaufgeräumter Kleiderschrank ist, in dem alles kunterbunt herumliegt, sondern eine wohlgeordnete Kommode mit Schubladen – eine fürs Sehen, eine fürs Hören, eine für die Sprache zum Beispiel.

Das erscheint heute fast selbstverständlich. Doch noch vergangenes Jahrhundert lieferten sich Gehirnforscher einen erbitterten Streit darüber, ob Fähigkeiten in bestimmten Bereichen der Hirnrinde angesiedelt oder über den ganzen Cortex verteilt sind. Anfang des 19. Jahrhunderts war die Erforschung der Anatomie des Gehirns nämlich ein regelrechtes Modegebiet. Ähnlich wie heutzutage die Biologen die Erbmasse des Menschen studieren, um eine genaue Karte der Gene anzulegen, wollte man damals eine Landkarte des Gehirns erstellen. Ruhmsüchtige Forscher wetteiferten darum, dass eine Region nach ihnen benannt würde. Den Höhepunkt erreichte der Gehirnrausch mit den Arbeiten des Wiener Anatoms Franz Joseph Gall.

Für Gall gab es 27 Eigenschaften und Fähigkeiten, die den Menschen zum Menschen machen, und für jede von ihnen wäre demnach ein bestimmter Teil der Gehirnrinde reserviert: Fortpflanzungstrieb, die Liebe zu den Nachkommen, die Lust am Kampf sowie Gedächtnis gehörten Gall zufolge dazu. Manche sind tatsächlich, wie wir heute wissen, in einem Teil des Gehirns lokalisiert. Andere wie Stolz oder dichterisches Talent sind eher der Phantasie von Gall entsprungen. Der Anatom ging sogar noch einen Schritt weiter: »Zeig mir deinen Schädel, und ich sag dir, wer du bist«, war seine Hypothese, weil er glaubte, dass der Schädel ein genaues Abbild des darunter liegenden Cortex sei. Das Abtasten des Kopfes würde uns also Auskunft darüber geben, ob wir es mit einem Kriminellen, einem guten Liebhaber oder einem genialen Physiker zu tun haben.

Weil er das Gehirn gleichsam in Stücke teilte, war Gall für viele seiner Zeitgenossen ein Materialist. Sie glaubten an das Gehirn als eine untrennbare, »holistische« Einheit, den Sitz einer Fähigkeit, die gleichzeitig Wahrnehmung und Wille war. Spätestens Mitte des 19. Jahrhunderts jedoch mussten die Holisten zurückstecken. Damals untersuchte der Pariser Nervenarzt Paul Broca das Gehirn eines Mannes, der 21 Jahre lang in einer Anstalt für Geisteskranke gelebt hatte, nachdem er durch einen Unfall seine Sprache verloren hatte. Obwohl im Besitz aller geistigen Fähigkeiten, konnte er nur eine einzige Silbe aussprechen, nämlich »Tan«, weshalb seine Anstaltsgenossen ihn so nannten. Broca untersuchte, so gut wie es mit den damaligen Methoden ging, Tans Gehirn: Eine Stelle in der Mitte des vorderen Schläfenlappens der rechten Hirnhälfte war deutlich geschädigt. Broca folgerte daraus, dass die Fähigkeit zu sprechen genau dort lokalisiert ist, wo Tan verletzt war. Diese Stelle heißt heute noch »Broca'sches Areal«.

Paul Broca schien seine Zeitgenossen überzeugt zu haben, denn der Streit zwischen Galls Schülern und deren Kritikern war bald beigelegt. Man untersuchte wieder die Teile des Gehirns auf ihre besonderen Fähigkeiten hin und erstellte Landkarten. Den Regionen gab man Zahlen, die noch heute verwendet werden. Wenn ein Hirnforscher sagt: »Ich arbeitete an Areal 17«, dann wissen seine Kollegen, dass er Spezialist für das Sehsystem ist und die Region untersucht, in der die Signale von den Augen eintreffen.

Wenn es für alles spezialisierte Bereiche gibt, dann stellt sich die Frage, warum wir überhaupt ein einheitliches Bild von der Welt haben. Zumindest gilt das für die meisten Menschen, aber nicht für alle: »Am Anfang war alles so einfach«, schreibt der ehemalige russische Soldat Sassezki in seinem Tagebuch. Doch dann kam der Zweite Weltkrieg, Sassezki musste an die Front und wurde schwer am Kopf verletzt. Als er wieder aufwachte, war die Welt alles andere als einfach. Sie zerfiel in Fragmente, so der bekannte russische Gehirnforscher Alexander Lurija, der sich mit Sassezki angefreundet hatte und dessen Tagebuchnotizen in seinem Buch ›Der Mann, dessen Welt in Scherben ging‹ kommentierte. »Er spürt seinen Körper, seine Arme und seine Beine, aber er kann nicht sagen, welcher der rechte Arm ist und welcher der linke … Er beginnt, sagen wir, das Bett zu machen, aber wie soll er die Bettdecke hinlegen, längs oder quer?«, schreibt Lurija. Sassezki konnte zwar noch sehen, hören und fühlen, aber wusste nichts mehr mit diesen Sinneseindrücken anzufangen.

Der Grund für die fragmentierte Welt in seinem Kopf: Bei der Gehirnverletzung wurden wichtige Teile seines Assoziationscortex zerstört. Genau genommen gibt es mehrere solcher Assoziationsfelder. Sie sind dafür zuständig, die verschiedenen Sinneseindrücke zu kombinieren. Stellen Sie sich vor, Sie kommen in einen Raum, den Sie nicht kennen. In der Ecke steht ein Radio, und Sie hören Musik. Wahrscheinlich brauchen Sie nicht lange, um zu vermuten, dass die Musik aus dem Radio ertönt. Sassezki wäre vermutlich nicht auf diese Idee gekommen, er konnte seine Eindrücke nicht mehr zu einem Ganzen zusammenfügen.

Sehen, Hören, Fühlen, sich Bewegen und Sinneseindrücke zu verknüpfen – all dies bildet nur die Vorstufe zu der besonderen Fähigkeit des Menschen, nämlich die, sein Verhalten zu steuern und zu handeln. Der Planungsstab des Gehirns verbirgt sich hinter der Stirn. Dort befinden sich Nervenzellen, die Sinneseindrücke und Gedächtnisinhalte verknüpfen, um daraus Aktionspläne für den Körper zu erstellen.

Manche der Gehirn-Schubladen hatten die alten Ägypter bereits einen Spalt weit geöffnet, indem sie Kopfverletzte beobachteten. Auch Paul Broca konnte aufgrund der Verletzung von Tan jenes Areal finden, in dem Sprache produziert wird. Das war bis vor kurzem die klassische Herangehensweise: Man untersuchte die Gehirne von Verstorbenen, die zu ihren Lebzeiten nicht mehr richtig hörten, sahen oder gelähmt waren, und schloss, wo der auditive, visuelle oder motorische Cortex liegt.

Heutzutage muss man dafür nicht mehr Gehirne sezieren. Bildgebende Verfahren wie die Computer- oder Kernspintomografie gewähren faszinierende Einblicke in das Gehirn von lebenden Menschen, die normal wahrnehmen, sprechen und denken, weshalb man in den letzten paar Jahrzehnten mehr über das Gehirn gelernt hat als in den Jahrhunderten zuvor.

Vom Auge zum Cortex

Dr. P. war ein bekannter Sänger und Musiklehrer. Seine Schüler schätzten seinen Unterricht, er wurde bei Konzerten gefeiert und führte eine harmonische Ehe. Und doch – etwas stimmte nicht. Häufig erkannte er seine Schüler nicht; erst als diese zu ihm sprachen, wusste er, wen er vor sich hatte. Man schickte ihn zu Oliver Sacks, einem bekannten New Yorker Neurologen. Der konnte sich zunächst keinen Reim auf die seltsame Art des Dr. P. machen, der beim Verlassen der Praxis nach dem Kopf seiner Frau griff und ihn hochheben wollte, als sei es ein Hut.

Der Musiker ist einer von Oliver Sacks berühmtesten Fällen, hat er den Neurologen doch zum Titel seines Buches ›Der Mann, der seine Frau mit einem Hut verwechselte‹ inspiriert. Als Sacks Dr. P. einen Handschuh vor die Nase hielt und fragte, was das sei, sagte P: »Eine durchgehende Oberfläche, die in sich gefaltet ist. Sie scheint fünf Ausstülpungen zu haben, falls dies der richtige Ausdruck dafür ist.« Der Grund für die seltsamen Ausfälle: Dr. P. litt an einem Tumor, der Teile seines Sehzentrums im Gehirn zerstörte – insbesondere jene Bereiche, die Gesichter und Gegenstände erkennen.

Sehen, Hören, Riechen und Schmecken, Fühlen und Gleichgewicht – das sind die sechs Sinne des Menschen. Sie haben den Gehirnforschern lange Zeit Rätsel aufgegeben: Unsere Augen empfangen elektromagnetische Wellen verschiedener Frequenzen; was wir wahrnehmen, ist jedoch rot, grün, blau oder gelb. Unsere Ohren nehmen Druckwellen auf, wir hören jedoch Musik oder Worte. Irgendetwas passiert also auf dem Weg zwischen dem Sinnesorgan und dem Gehirn, das einen Reiz in eine Wahrnehmung verwandelt.

Dabei vollbringen die auf bestimmte Reize spezialisierten Bereiche des Gehirns rechnerische Höchstleistungen. Scheinbar mühelos erkennen wir das Gesicht eines Freundes, den Duft einer Rose oder die ersten Takte der fünften Beethoven-Symphonie – ohne dabei zu bemerken, welche Arbeit die beteiligten Nervenzellen dafür vollbringen müssen. Ständig in Aktion, versorgen sie uns mit einem Bild der Außenwelt. Ohne Sinne wären wir nicht überlebensfähig – blinde und taube Kreaturen, die Hitze von Kälte nicht unterscheiden könnten.

Alle Sinne arbeiten ähnlich, weshalb wir uns hier auf das Sehen beschränken werden. Es ist mit dem Erkennen von Farben, Formen, räumlicher Tiefe, Bewegung auch die vielfältigste, ja vielleicht reichste Sinnesempfindung. Deshalb ist es kaum überraschend, dass Ingenieure sich noch immer schwer tun, Autos zu konstruieren, die ohne Fahrer fahren, oder Roboter, die den Haushalt sauber halten. Kein Computer ist auch nur annähernd so gut wie das menschliche Sehsystem: Beim Autofahren etwa haben wir die Straße im Visier, achten darauf, immer rechts von der Mittellinie zu bleiben, beobachten, wie die Autos entgegenkommen, werfen ab und zu einen Blick auf den Tacho, ob die Tempo-Hundert-Marke noch nicht überschritten ist. Möglicherweise ist es dunkel, vielleicht regnet es ja auch noch und die Sicht ist miserabel. Plötzlich steht jemand am Straßenrand mit seinem Fahrrad, und wir müssen ausweichen. Jedes künstliche Sehsystem ist in einer solchen Situation hoffnungslos überfordert.

Sehen beginnt mit den Augen. Stellen Sie sich vor, Sie stehen im Museum und blicken auf Van Goghs ›Sonnenblumen‹. Das Bild reflektiert das Licht des Raumes, die Strahlen treffen auf Ihre Augen. Diese werden häufig mit einem Fotoap-

Können Säuglinge sehen?

Ja und nein. Das Sehsystem ist ein gutes Beispiel dafür, wie während der Entwicklung des Gehirns sowohl die Natur als auch die Umwelt – das Angeborene und das Erlernte also – eine wichtige Rolle spielen. Die Nervenzellen sind bei der Geburt vorhanden, und etliche Verbindungen sind bereits geknüpft, so dass Signale von den Augen zum visuellen Cortex gelangen können. Insgesamt ist der Sehapparat jedoch keineswegs ausgereift. Ein Säugling trainiert ihn, indem er sich seine Umgebung anschaut. In der Regel funktioniert diese Entwicklung gut, manchmal ist sie jedoch gestört, zum Beispiel bei Kindern, die mit einer so genannten Katarakte geboren werden. Eine der beiden Linsen ihrer Augen wird dann milchig, und auf der Netzhaut kann kein klares Bild entstehen. Katarakte werden behandelt, indem man die fehlerhafte Linse entfernt und durch eine künstliche Linse ersetzt oder auch Brillen verpasst. Doch wenn die Operation, wie früher üblich, erst im Alter von ein paar Jahren gemacht

parat verglichen, weil die Linsen der Augen Lichtstrahlen bündeln und auf die Netzhaut projizieren, ähnlich wie auf einen Film. Der Vergleich tut dem Auge jedoch Unrecht. Treffender wäre es zu sagen, dass das Auge eine Videokamera ist, die auf einem drehbaren Stativ befestigt ist. Es richtet die Kamera automatisch dorthin, wo etwas Interessantes zu filmen ist. Die Kamera ist mit einem Autofocus ausgestattet und passt sich an die Helligkeit an, sie besitzt ein sich selbst reinigendes Objektiv und einen Ausgang, den man an einen Parallelrechner anschließen kann – das alles nimmt nicht mehr Platz als etwa einen Kubikzentimeter ein, hundertmal weniger Raum, als die derzeit kleinsten Videokameras beanspruchen.

wird, bleiben die Kinder auf dem betroffenen Auge weitgehend blind. Heute kennt man den Grund: Wenn das Gehirn keine Signale empfängt, dann kann sich der visuelle Cortex nicht entwickeln. Die Nervenzellen können sich nicht spezialisieren, wichtige Verbindungen sterben ab – das Sehzentrum verkümmert regelrecht. Erwachsene, die an einer Katarakte leiden, haben dieses Problem nicht: Ihre Verbindungen im visuellen Cortex haben sich lange zuvor gebildet, und sie können mit einer künstlichen Linse sehr gut sehen.

Auch Affen, die bis zum sechsten Lebensmonat eine Woche lang mit einem verschlossenen Auge aufwachsen, verlieren für immer das Sehvermögen auf diesem Auge. Die Zeitperiode, die für die Entwicklung wesentlich ist, nennt man *kritisch*. Verschiedene Gehirnbereiche haben verschiedene kritische Phasen. Das gilt übrigens auch für soziale Fähigkeiten. Neugeborene Affen, die man sechs bis zwölf Monate lang alleine aufwachsen lässt, sind später zwar physisch gesund, aber schwer verhaltensgestört.

Im Auge übernehmen Muskeln die Funktion des Stativs. Sie halten das Auge in der Augenhöhle fest und ermöglichen es ihm gleichzeitig, sich blitzschnell zu bewegen. Wenn wir etwas anschauen, dann drehen sich unsere Augen ständig hin und her: Probieren Sie einmal, Ihre Augen ganz ruhig zu halten. Spätestens nach ein paar Sekunden verspüren Sie das dringende Bedürfnis, sie zu bewegen. Indem wir ständig blinzeln und dabei Tränenflüssigkeit freisetzen, reinigt sich die schützende Hornhaut vor der Linse von selbst. Weitere Muskeln sind ständig damit beschäftigt, die gummiartigen Linsen der Augen zu verformen, damit sie scharf sehen. Ab einem Alter von etwa 45 Jahren beginnt die Linse, weniger elastisch zu sein, weshalb viele Menschen dann eine Brille brauchen. Nachdem die Lichtstrahlen durch die Linse und den dahinter liegenden Glaskörper gewandert sind, treffen sie auf die Netzhaut. Auch sie ist ein technisches Wunderwerk der Natur im Miniaturformat. Nur ein Viertel Millimeter dick, besteht sie aus mehreren Schichten von Nervenzellen. 125 Millionen Photorezeptoren empfangen die Lichtblitze, wandeln sie in elektrische Signale um und leiten sie weiter. Alles in allem ist die Netzhaut ein sehr raffinierter, äußerst schneller und zudem kompakter Parallelcomputer, der ein Bild in ein elektrisches Muster übersetzt, das anschließend vom optischen Nerv ins Gehirn übertragen wird.

Dort, wo dieses Bündel von Nervenfasern das Auge verlässt, sind keine Photorezeptoren und auch keine anderen Nervenzellen vorhanden. Das »Loch« in der Netzhaut mit einem Durchmesser von etwa zwei Millimetern heißt »blinder Fleck«. Es ist gar nicht schwer, den blinden Fleck zu finden: Schließen Sie das linke Auge und fixieren Sie einen Gegenstand am anderen Ende des Raums. Nehmen Sie einen Bleistift in die rechte Hand, halten Sie ihn mit ausgestrecktem Arm vor sich und bewegen Sie nun den Arm langsam nach rechts. Bei einem Winkel von 18 Grad (etwa so viel wie wenn der große Zeiger einer Uhr drei Minuten nach der ganzen Stunde zeigt) verschwindet die Spitze des Bleistifts: Sie hat den blinden Fleck getroffen. Wenn von dieser Stelle der Netzhaut keine Information ins Gehirn geleitet wird, warum sehen wir die Welt dann nicht wie einen Schweizer Käse mit Löchern? Das liegt daran, dass das Gehirn errät, was sich am blinden Fleck befindet, indem es die Umgebung berücksichtigt. Das Loch wird also quasi ausgefüllt. Sie können das testen, indem Sie den Stift etwas höher halten, so dass nicht seine Spitze den blinden Fleck trifft, sondern das Stück Holz. Es erscheint dann als ganzer Stab, ohne Sprung. Der blinde Fleck beweist, dass Sehen sich nicht nur im Auge abspielt, sondern eine Fähigkeit

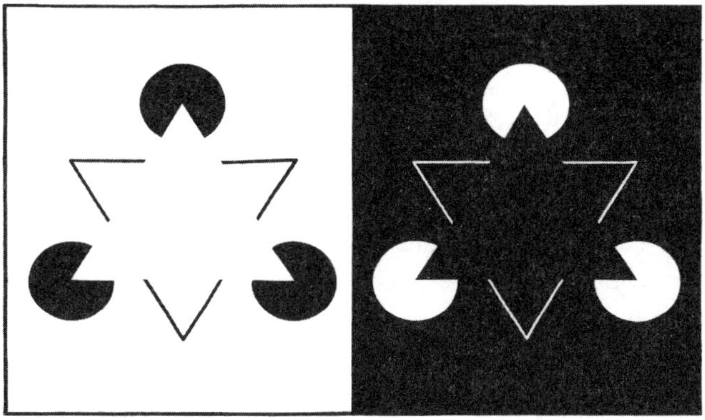

des Gehirns ist. Dass Sehen nicht nur Fotografieren oder Filmen ist, sondern ein schöpferischer Vorgang, beweisen auch Wahrnehmungstäuschungen. Die Abbildung ganz oben etwa lässt sich entweder als weiße Vase auf dunklem Hintergrund interpretieren oder aber als zwei dunkle Profile vor einem weißen Hintergrund. Die berühmte Dreieckstäuschung darunter belegt, dass das Sehsystem Fehlendes ergänzt: Der Umriss des weißen Dreiecks ist gar nicht vorhanden, das Gehirn aber fügt die Konturen hinzu. Die Netzhaut hat also das Licht des erwähnten Sonnenblumen-Bildes in ein elektrisches Muster übersetzt. Was geschieht mit den elektrischen Signalen, wenn sie im Gehirn angelangt sind? Dort erwarten sie

Nervenzellen, die sich auf bestimmte Aufgaben spezialisiert haben. Sie zerlegen das Bild, das unser Auge sieht, in Einzelteile. Manche Neuronen erkennen die senkrechten Kanten der Stängel, andere feuern einen Impuls nur dann, wenn sie die waagrechten Kanten der Blätter sehen. Weitere lassen sich durch das Gelb der Blume oder das Grün der Blätter reizen, während manche Nervenzellen nur deshalb reagieren, weil vor dem Gemälde eine kleine Fliege herumschwirrt.

Die Entdeckung, dass die Nervenzellen im visuellen Cortex nicht einfach auf jeden Lichtreiz ansprechen, liegt noch gar nicht so lange zurück und war ein bedeutender Durchbruch in der Erforschung des Sehens. Um 1960 herum versuchten die amerikanischen Wissenschaftler David Hubel und Torsten Wiesel, den Geheimnissen des visuellen Cortex von Katzen auf die Spur zu kommen, indem sie mittels feiner Elektroden elektrische Signale von Nervenzellen registrierten. Dass es im Gehirn der Katzen Nervenzellen gibt, die auf Kanten ansprechen, hatten Hubel und Wiesel nicht erwartet. Das beobachteten sie nur durch Zufall, als sie ein Dia in den Projektor schoben. Dadurch entstand eine Kante auf der Leinwand, auf welche die Katze blickte, während gleichzeitig einige ihrer Nervenzellen sich heftig elektrisch entluden. Später entdeckten Hubel und Wiesel zahlreiche weitere spezialisierte Zellen, und sie wurden dafür mit dem Nobelpreis für Medizin belohnt.

Je tiefer man in den Sehapparat des Gehirns eindringt, umso stärker spezialisieren sich die Nervenzellen. Der bekannte Gehirnforscher von der Universität London, Semir Zeki, vergleicht die ersten Schichten des Sehsystems mit einem Postamt: Dort treffen alle Briefe und Pakete – die Signale der Netzhaut – ein. Sie werden nach Farbe, Form und Tiefe sowie Bewegung sortiert und dann zu verschiedenen Adressen – den spezialisierten Arealen – verschickt. Zum Beispiel senden diejenigen Zellen, die auf verschiedene Wellenlängen des Lichts ansprechen, ihre Signale zu einem Farbzentrum. Es enthält

Neurone, die feuern, wenn sie das Gelb der Sonnenblumen im Gemälde erkannt haben. Ein anderer Bereich des visuellen Cortex verarbeitet nur bewegte Reize, ein weiterer ist für Formen zuständig. Die Existenz eines Farbzentrums erklärt auch, warum manche Menschen auf sehr eigentümliche Art blind werden können: Sie sehen die Welt wie in einem Schwarzweißfernseher. Oliver Sacks hat den Fall eines Malers beschrieben, der nach einem Autounfall ausgerechnet die Fähigkeit verlor, die Welt farbig zu sehen (durch eine winzige Schädigung des auf Farbe spezialisierten Bereichs im Sehzentrum). Diese Farbenblindheit hat nichts mit dem zu tun, was üblicherweise darunter verstanden wird: nämlich wenn Menschen aufgrund eines genetischen Defekts anstelle von drei nur zwei oder einen Typ farbempfindlicher Photorezeptoren in ihrer Netzhaut besitzen. Besagter Maler hatte nach seinem Unfall bemerkt, wie die ganze Welt trüb, ausgebleicht, gräulich und unscharf wirkte. Noch schlimmer war der Anblick seines Ateliers: Die farbigen Ölbilder wirkten grau oder schwarzweiß. Semir Zeki untersuchte den Maler und stellte fest, dass seine Photorezeptoren sehr wohl auf die verschiedenen Wellenlängen der Farben reagierten. Demnach musste der Aussetzer nicht in den Augen, sondern im Gehirn liegen.

Weitere kuriose Arten von Blindheit treten dann auf, wenn ein anderer spezialisierter Bereich des Sehzentrums nicht mehr richtig arbeitet oder keine elektrischen Signale dorthin gelangen können. Formenblindheit ist ein Beispiel. Die Betroffenen sehen Formen, sie wissen jedoch nicht mehr, was diese bedeuten. Semir Zeki hat solch einen Fall beschrieben: Der Patient konnte eine Zeichnung der St. Paul's Cathedral in London sehr gut kopieren. Er war also in der Lage, die Formen, Linien oder Winkel auf der Skizze zu sehen. Wurde er gefragt, was er gezeichnet hatte, so hatte er keine Ahnung, dass es sich dabei um eine Kirche handelte. Das sind Fälle, bei denen etwas mit den Adressen nicht stimmt, an welche die visuellen Botschaften geschickt werden. Was aber passiert, wenn bereits die Sortieranlage im Postamt nicht richtig funktioniert – wenn die ersten Stufen des Sehsystems geschädigt sind? Gibt es eine Chance, dass Informationen trotzdem an die korrekte Adresse gelangen? Die Natur hat dieses Experiment gemacht: Das Phänomen heißt »Blindsehen«, und als Erster hat es der Münchner Gehirnforscher Ernst Pöppel beschrieben. Menschen, die darunter leiden, sind tatsächlich blind. Zum Erstaunen der Fachleute, die solche Patienten untersucht haben, können sie aber bestimmte Reize unterscheiden. Sie können zum Beispiel erkennen, ob sich ein Stab nach rechts oder links bewegt oder ob eine Farbe blau oder rot ist.

Ein Blindsehender wird jedoch immer abstreiten, etwas zu sehen. Zum Beispiel bei folgendem Experiment: Er sitzt an einem Tisch, auf dem ein Kerzenständer steht. Man befragt den Patienten, was er sieht. Nichts, wird er sagen, ich bin doch blind. Wenn man ihm nun sagt, dass auf dem Tisch etwas steht, und er soll danach greifen, dann wird er seinen Arm in Richtung des Kerzenständers ausstrecken und die Hand ein wenig öffnen. Steht auf dem Tisch eine Kaffeetasse, dann wird der Blindsehende seine Hand weiter öffnen, als wolle er die Tasse greifen. Blindsehende sind sich ihrer Fähigkeiten nicht bewusst. Sie wissen nicht, dass sie etwas sehen, und sind deshalb häufig überrascht, dass sie richtig geraten haben. Lange Zeit wusste man nicht, wie das Phänomen zu erklären ist. Mittlerweile vermuten die Fachleute, dass es neben der Hauptverbindung zwischen der Netzhaut und den unteren Schichten des visuellen Cortex weitere Nervenbahnen geben muss, die direkt in die spezialisierten Areale führen. Es existiert also eine Art Bypass, der von der Netzhaut in höhere Schichten des Sehsystems führt und die geschädigten Bereiche umgeht.

»Viel Gelb, etwas Grün und Braun«, melden die Nervenzellen im Farbzentrum, während wir die Sonnenblumen betrachten. Gleichzeitig signalisieren die Neuronen im Formzentrum »große runde Form mit länglichen Seitenteilen«. Die spezialisierten Nervenzellen verarbeiten einen Sinneseindruck parallel, nicht hintereinander. Ebenso wie die Netzhaut ist also auch der Sehapparat im Gehirn ein Parallelrechner. Wie aber wissen die Nervenzellen im Farbzentrum, dass ihre Kollegen gleichzeitig aktiv sind – dass an zwei verschiedenen Adressen ein Paket mit demselben Absender angekommen ist? Woher wissen wir, dass die Farbe »Gelb« zu der Form »Sonnenblume« gehört? Am einfachsten wäre es natürlich, wenn es irgendwo im visuellen Cortex einen übergeordneten Bereich gäbe, in dem alle Informationen zusammenlaufen – eine Art Homunkulus, der sich alles anschaut und dann entscheidet, was das Gehirn gesehen hat. Ein solches Gebiet hat man aber bislang nicht gefunden, und es ist unwahrscheinlich, dass es existiert. Vielmehr vermutet man heute, dass die Nervenzellen in den spezialisierten Zentren ständig untereinander Informationen austauschen. Etliche solcher Verbindungen, zum Beispiel zwischen dem Farb- und dem Bewegungszentrum, haben Gehirnforscher auch bereits gefunden.

Wie aber genau signalisieren sich die Neuronen untereinander, dass sie ein und dasselbe Objekt erkannt haben? Es muss einen Mechanismus geben, der die Signale der beteiligten Zellen zusammenfasst, so dass sie als eine Einheit behandelt werden. Der Bochumer Gehirnforscher Christoph von der Malsburg hat vorgeschlagen, dass Nervenzellen, die Zusammengehörendes repräsentieren, zur gleichen Zeit elektrisch aktiv sind und so ausdrücken: »Wir gehören zusammen.« Das heißt, alle Neuronen, die Teile der Sonnenblume erkannt haben, schließen sich zu einem Verbund zusammen. Auch diejenigen Zellen, welche sich mit der Fliege beschäftigt haben, bilden ein Team. So weiß das Gehirn, dass der schwarze Punkt vor dem Bild nicht Teil der Sonnenblumen ist. Tatsächlich hat Wolf Singer vom Frankfurter Max-Planck-Institut für Gehirnforschung beobachtet, dass Gruppen von Nervenzellen im Sehzentrum von Katzen und Affen im Takt feuern können. Noch ist ungewiss, ob die Neuronen tatsächlich synchron aktiv waren, weil sie etwas erkannt haben. Der Beweis für die Hypothese von Christoph von der Malsburg steht also noch aus. Aber viele Forscher halten die Idee für faszinierend, vor allem, weil es sich dabei um ein einfaches Prinzip handelt.

Manche Menschen sehen Dinge und erkennen sie nicht, andere sehen Dinge, die es gar nicht gibt. Drogen oder Migräneanfälle zum Beispiel können visuelle Halluzinationen hervorrufen. Die Huichol-Indianer aus Mexiko kennen seit Jahrhunderten die halluzinogene Wirkung einer bestimmten Kaktuspflanze, deren Knospen sie anlässlich einer Wallfahrt zu ihrer heiligen Stätte essen. Dort entdecken sie das Paradies wieder und werden, wie sie sagen, zu Göttern. Sie beschreiben ihre Visionen als Bilderteppiche mit geometrischen Mustern in leuchtenden Farben. Kräftige Farben erfahren auch viele Menschen auf einem »Trip« mit der Droge LSD.

Eine visuelle Halluzination kann man sich vorstellen als eine Reizung des Sehzentrums, ohne dass die Augen auch nur einen Lichtblitz gesehen hätten. Tatsächlich lassen sich die Traumbilder auch hervorrufen, indem man Teile des Sehzentrums elektrisch reizt. Manche Wissenschaftler vermuten, dass unter dem Einfluss von Drogen Teile des Frontalcortex, also der Hirnrinde hinter der Stirn, nicht mehr richtig arbeiten. Diese Bereiche können normalerweise Reize unterdrücken, die in Wirklichkeit nicht vorhanden sind und nur in unserem Kopf existieren. Drogen haften sich an die Kontaktstellen für bestimmte chemische Botenstoffe im Gehirn und verändern dadurch deren Wirkung. So können sie Teile des Denkorgans durch einen chemischen Angriff außer Gefecht setzen. LSD würde dieser Vorstellung zufolge bewirken, dass der Einfluss des Frontalcortex bei der Wahrnehmung beeinträchtigt ist.

Synästhesie

Eine LSD-Pille verstärkt das Empfinden für Farben, Töne oder den Geschmack. Bei manchen Menschen kommt es aber auch ohne Drogen zu einer Art Multimedia der Sinne. Synästhesie nennen Experten das Phänomen, wenn Personen Farben nicht sehen, sondern schmecken, oder Töne riechen, statt sie zu hören. Bei etwa einer von 25000 Personen kommt es zu einer solchen Kopplung der Sinne, die häufigste ist die des Sehens und Hörens. Bisher gingen viele Experten davon aus, dass die Mischung der Sinne sich direkt im Aufbau des Gehirns widerspiegelt. Beim sehenden Hören müsste es also eine direkte Verbindung zwischen dem Seh- und Hörzentrum der Hirnrinde geben, sensorische Kurzschlüsse sozusagen. Der amerikanische Neurologe Richard Cytowic allerdings vermutet, dass die Sinneskreuzung im limbischen System entsteht. Dieses Gefühlszentrum des Gehirns bewertet Informationen und verpasst ihnen eine Art emotionales Etikett. Hier passiert Cytowic zufolge, dass zum Beispiel aus Musik Farben werden. In eine ähnliche Richtung forscht der Neurobiologe Hinderk Emrich von der Medizinischen Hochschule Hannover. Mit Hilfe von feinen Drähten registrierte er die Aktivität im Gehirn von Versuchspersonen, denen er zuvor Buchstaben und Zahlen präsentiert hatte. Bei den Synästhetikern fand Emrich eine besonders starke Aktivität im vorderen Teil der Stirnlappen. Dieser Frontalcortex nimmt Emrich zufolge eine Art Brückenfunktion ein zwischen der Verarbeitung der Sinnesreize in der Großhirnrinde und der Bewertung von Gefühlen im limbischen Cortex. Außerdem fand Emrich heraus, dass bei Menschen, die Töne mit Farben assoziieren, tatsächlich das Sehzentrum aktiv ist, wenn sie Musik oder gesprochene Sprache hören. Der Forscher sieht in der Vermischung von Sinneseindrücken sogar ein Modell dafür, wie Bewusstsein – bei dem das Gehirn Eindrücke verknüpfen muss – entsteht.

Der vergessliche Patient

Wenn das Eichhörnchen vergisst, in welchem Baumloch es seine Nussvorräte für den Winter versteckt hat, dann wird es verhungern. Ebenso der Löwe, der sich nicht mehr daran erinnern kann, zu welchem Wasserloch die Gazellen zum Trinken kommen. Auch ein Kind muss lernen, bei einer roten Ampel stehen zu bleiben. Lernen, anders ausgedrückt: das erfolgreiche Abspeichern und wieder Abrufen von Landkarten oder Bewegungsabläufen, ist also notwendig für das Überleben.

Bis zur Mitte des 20. Jahrhunderts bezweifelten die meisten Forscher, dass man das Gedächtnis jemals einem bestimmten Bereich des Gehirns würde zuordnen können. Sie glaubten vielmehr, dass Gedächtnis abhängig von anderen Funktionen wie Sprache oder Sehen arbeitet und dass Wissen über das ganze Gehirn abgespeichert wird – ein krasser Widerspruch also zu dem, was man bereits fast ein Jahrhundert zuvor über die Arbeitsweise des Denkorgans herausgefunden hatte: Damals hatte der Pariser Nervenarzt Paul Broca entdeckt, dass Menschen nicht mehr sprechen können, wenn ein bestimmter Bereich in ihrem hinteren Teil des linken Stirnlappens geschädigt ist. Das Gehirn, so folgerte man, nutzt verschiedene Teile für unterschiedliche Aufgaben, die Fachleute sprechen von Lokalisierung. Und das sollte für das Gedächtnis nicht zutreffen?

Doch dann, 1953, änderte sich plötzlich die Vorstellung des diffusen, über das ganze Gehirn verteilten Gedächtnisses. Ein junger Mann namens H. M. hatte seit seinem 16. Lebensjahr an starken epileptischen Anfällen gelitten. Kein Medikament linderte seine Krankheit, weshalb der amerikanische Neurochirurg William Scoville beschloss, zum letzten Mittel zu greifen: Er entfernte dem mittlerweile 27-jährigen Fließbandarbeiter große Teile der Schläfenlappen. Dort befanden sich nämlich die epileptischen Herde, von denen die Anfälle ausgingen.

Die Operation verlief gut, H. M. litt fortan nicht mehr an Krämpfen. Allerdings büßte er die neue Lebensqualität durch den Verlust seines Gedächtnisses ein. Zwar konnte er sich an Ereignisse vor seiner Operation erinnern, doch um nichts in der Welt konnte er sich etwas merken. Selbst vierzig Jahre nach dem Eingriff wusste er nicht, wie er hieß. Er vergaß immer wieder, dass seine Eltern tot waren, und konnte sich nicht an die Pfleger im Krankenhaus erinnern, die er jeden Tag sah. H. M. war beileibe nicht dumm, sein Intelligenzquotient lag sogar über dem Durchschnitt, er konnte sich nur nichts merken.

Es gibt in der Geschichte der Neurologie, so schreibt der amerikanische Forscher Joseph LeDoux in seinem Buch über Gefühle, wohl keinen Patienten, der so ausgiebig und über eine so lange Zeit hinweg untersucht worden ist. Vor allem die Psychologin Brenda Milner widmete einen großen Teil ihrer Arbeit den Leistungen von H. M., der seinerseits immer ein bereitwilliger Proband war. Ohne es zu wissen, hat H. M. die Vorstellung dessen geprägt, was Gedächtnis ist.

H. M. schien zwar alles zu vergessen, was ihm passierte – er konnte also keine Langzeiterinnerungen mehr bilden. Doch es gelang ihm, einige Sekunden lang Bilder, die man ihm zeigte, oder ein paar Zahlen in seinem Kopf zu behalten. Daraus schlossen die Forscher, dass es ein Kurzzeit- und ein Langzeitgedächtnis gibt. Den Kurzzeitspeicher, machmal auch als Arbeitsspeicher bezeichnet, nutzen wir etwa, um uns schnell mal eine Telefonnummer für ein paar Sekunden zu merken. Alles, was über längere Zeit im Gedächtnis bleiben muss, wie der eigene Name, Freunde oder Fremdsprachen, wird im Langzeitspeicher abgelegt. Das hatte bereits der Pionier der amerikanischen Psychologie, William James, vermutet. Doch bewiesen werden konnte die Vorstellung des Kurz- und Langzeitgedächtnisses erst durch die Untersuchungen des gedächtnislosen H. M.

Ein Experiment, das der kanadische Psychologe Donald Hebb gemacht hat, zeigt sehr deutlich den Unterschied zwischen Kurz- und Langzeitspeicher des Gehirns. Hebb ließ Studenten Ziffernfolgen wiederholen, etwa 5-3-4-8-9-6-1-7-2. Mehr als acht Ziffern kann sich fast niemand merken. Psychologen sprechen deshalb vom Maximum der Gedächtnisspanne, die im Fall von Ziffern bei etwa neun liegt. In Hebbs Experiment bekamen die Studenten immer wieder Folgen von neun Ziffern vorgespielt, wobei jede dritte Folge sich wiederholte. Während fast niemand es schaffte, die jeweils letzte Ziffernfolge richtig aufzusagen, konnten die meisten Versuchspersonen sich nach einer Weile recht gut an die in regelmäßigen Abständen wiederholten Zahlen erinnern. Hebb folgerte daraus, dass diese Ziffernfolge in das Langzeitgedächtnis abgelegt worden war.

Weil H. M.s Kurzzeitgedächtnis noch funktionierte, nahmen die Fachleute an, dass der Kurzzeitspeicher ein anderes Hirnsystem aktiviert als das Langzeitgedächtnis. Dieses muss irgendwie mit den Schläfenlappen zusammenhängen, jenem Bereich, den H. M. durch seine Operation eingebüßt hatte. Mit Hilfe von H. M. haben die Fachleute außerdem gelernt, dass es einen Unterschied macht, ob man neue Erinnerungen speichert oder alte abruft. Der Patient konnte sich sehr wohl an seine Kindheit erinnern, während er unfähig war, neue Informationen im Gedächtnis abzulegen.

Welche Bereiche werden nun im Gehirn aktiviert, wenn wir lernen und uns erinnern? Mit den Schläfenlappen hatte man H. M. größere Teile des Hippocampus und der Amygdala entfernt. Der Hippocampus, der zu Deutsch auch Seepferdchen heißt (dieser Teil hat tatsächlich die Form eines Seepferdchens), liegt tief verborgen unter der Hirnrinde, fast schon im Zentrum des Gehirns. Daneben befindet sich die Amygdala,

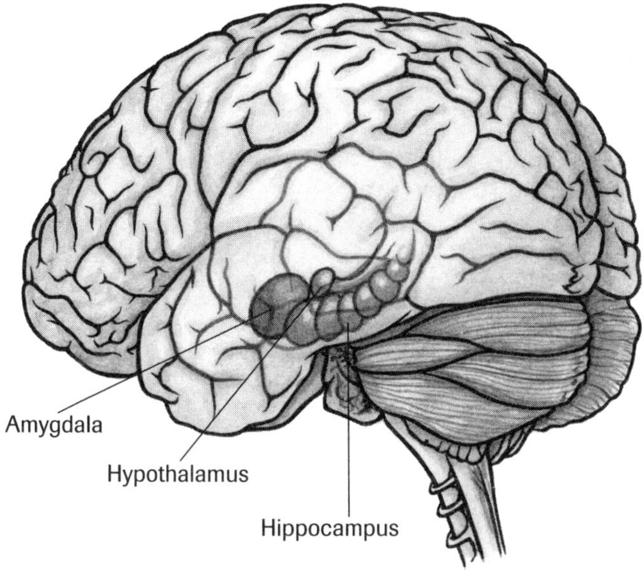

Das limbische System mit Hypothalamus

auch als Mandelkerne bekannt: zwei (einen für jede Hirnhälfte) walnussgroße Bereiche.

Besonders wichtig ist der Hippocampus. Das haben auch Experimente mit Affen bewiesen: Die Tiere bekommen zunächst ein Spielzeug gezeigt. Später stellt man ihnen zwei Spielzeuge hin, und sie müssen lernen, nach dem Ball oder Auto zu greifen, das sie zuvor nicht gesehen hatten. Gesunde Affen schneiden bei diesem Versuch gut ab, selbst wenn zwischen den beiden Szenen eine lange Pause liegt. Affen, deren Hippocampus geschädigt ist, können die Aufgabe auch bewältigen, wenn die Pause kurz ist. Doch je länger sie wird, umso kläglicher versagen die Tiere und greifen wahllos nach einem der beiden Spielzeuge.

Der Hippocampus ist also wichtig, um Erinnerungen zu speichern. Doch sind diese Erinnerungen auf Dauer auch dort abgelegt? Vermutlich nicht, sagen die Gehirnforscher. Stellen Sie sich vor, Sie sind auf Jobsuche und werden zum Vorstellungsgespräch gebeten. Wenn Sie zum ersten Mal Ihren neuen Chef sehen, dann werden Sie sich sein Gesicht ziemlich genau anschauen. Ihr Sehzentrum fertigt also eine innere Darstellung des zukünftigen Chefs an, die zusammen mit anderen Informationen über ihn – sein Arbeitszimmer, die Firma – an den Hippocampus geleitet werden. Wenn Sie den Job annehmen, dann werden Sie natürlich den neuen Chef häufig sehen. Indem der Hippocampus ständig Informationen über den Chef mit der Gehirnrinde austauscht, verfestigt sich eine Gedächtnisspur.

Was genau diese Gedächtnisspur ausmacht, ist unklar. Man darf sich allerdings nicht vorstellen, dass der Chef und seine Umgebung im Hippocampus abgelegt wären. Es ist wahrscheinlich eher so, dass die verschiedenen Informationen über den Chef in den spezialisierten Hirnbereichen gespeichert sind – sein Gesicht im Sehzentrum, seine Stimme im Hörzentrum. Die unterschiedlichen Darstellungen des Chefs sind miteinander verbunden. Schon dessen Stimme kann das Sehzentrum in Alarmbereitschaft versetzen: Plötzlich ist dann auch das Gesicht im Kopf präsent. Im Laufe der Jahre tritt der Hippocampus dann seine Kontrolle an das in der Hirnrinde verteilte Gedächtnis ab.

Auch bei Alzheimer-Patienten greift die langsame Degeneration des Gehirns zunächst die Schläfenlappen, insbesondere den Hippocampus an. Deshalb äußert sich die tückische Krankheit als Erstes dadurch, dass die Betroffenen vergesslich werden. Nach und nach greift das Leiden aber auch auf die Hirnrinde über. Dann können die Patienten nicht mehr richtig denken, sie erinnern sich auch nicht mehr an ihre Kindheit oder die Partner, mit denen sie jahrzehntelang gelebt haben.

Das Langzeitgedächtnis kann aber mehr, als nur Gesichter oder Fremdsprachen abzuspeichern und wieder aufzurufen. Es gibt eine Fülle von Dingen, die wir irgendwann einmal gelernt haben, mittlerweile aber unbewusst tun. Zähneputzen ist ein gutes Beispiel dafür oder Tennisspielen. Wer denkt noch beim Zähneputzen daran, dass er den Unterarm in einer Ebene hin und her bewegen muss? Würde man beim Tennisspielen bewusst jeden Muskel einsetzen, wäre man mehr mit der Körperkontrolle beschäftigt als damit, den Ball richtig zurückzuschlagen. Die Fähigkeit, beispielsweise Bewegungsabläufe zu lernen, so dass man sie später ohne große Mühe wieder abrufen kann, bezeichnen Fachleute als implizites Gedächtnis – im Gegensatz zu dem expliziten Gedächtnis, das wir bewusst nutzen.

Auch beim impliziten Gedächtnis ist der Hippocampus beteiligt. Mehr als bei der expliziten Form treten jedoch häufig Bereiche des Gehirns in Aktion, die Bewegungen steuern, etwa der Motorcortex oder das Kleinhirn. Beide Gedächtnisformen arbeiten auch Hand in Hand, etwa beim Sprechen. Damit wir überhaupt reden können, müssen die Muskeln des Gesichtes und der Kehlkopf bestimmte Bewegungen ausführen. Dafür ist das implizite Gedächtnis zuständig. Was wir sagen, zum Beispiel »ich war gestern im Theater und die Aufführung war wunderbar«, kommt dagegen weitgehend aus dem expliziten Gedächtnis.

Das implizite Gedächtnis aktiviert häufig auch die erwähnte Amygdala, nämlich dann, wenn Gefühle im Spiel sind. Einmal angenommen, Sie haben einen schweren Verkehrsunfall. Kurz vor dem Crash hören Sie von rechts eine laute Hupe. Wenn Sie später, selbst Jahre nach dem Unfall, eine Hupe hören, werden Sie immer wieder an den Zusammenstoß und die Schmerzen danach denken. Man vermutet, dass beim Unfall mit Hilfe der Amygdala sich eine implizite emotionale Erinnerung gebildet hat. Zugleich hat das Hippocampus-

System eine explizite Erinnerung an den Unfall gespeichert: wer mit Ihnen im Auto saß, was danach passierte. Jeder spätere Hupton öffnet über das emotionale, unbewusste Gedächtnis sozusagen eine Schleuse, die Sie sowohl körperlich erregen lässt als auch die explizite Erinnerung wachruft.

Häufig erscheint es uns leichter, solche emotionalen Erinnerungen wie den geschilderten Autounfall abzurufen, als lange gepaukte lateinische Verben oder mathematische Formeln. Das könnte mit Hormonen zusammenhängen. Spritzt man Ratten, unmittelbar nachdem sie etwas gelernt haben, Adrenalin, so prägen die Nager sich die Situation besonders gut ein. Das Stresshormon, das der Körper nicht nur unter großer Anspannung, sondern auch dann ausschüttet, wenn man emotional erregt ist, bewirkt anscheinend, dass man sich die jeweilige Situation besser merkt. Der umgekehrte Effekt gilt übrigens auch: Versuchspersonen sollten sich an zwei Varianten einer Geschichte über einen Unfall erinnern. Eine Version war besonders emotional geschildert, die andere sehr nüchtern. Aufgefordert, beide Varianten nachzuerzählen, erinnerten sich die Probanden besser an die gefühlsbeladene. Spritzte man ihnen jedoch ein Mittel, das verhindert, dass Adrenalin freigesetzt wird, dann arbeitete das Gedächtnis in beiden Situationen gleich gut.

Die Psychologen, die diese Versuche machten, haben deshalb auch eine Therapie für traumatisierte Soldaten oder Rettungsmannschaften vorgeschlagen: Wenn man ihnen gleich nach den schlimmen Erlebnissen ein Gegenmittel zu Adrenalin spritzen würde, dann könnte man das emotionale Gedächtnis blockieren und ihnen peinigende Erinnerungen ersparen. Ausprobiert hat dies aber bislang niemand. Trotzdem können implizites und explizites Gedächtnis auch unabhängig voneinander funktionieren, wie wieder einmal der Fall H. M. beweist. Brenda Milner bat ihn, einen Stern nachzuzeichnen, wobei er seine Handbewegung nur im Spiegel sehen konnte.

Er musste also mit Hilfe der ungewohnten Rückmeldung lernen, seine Hand zu steuern. Beim ersten Mal misslang das (wie vielen gesunden Menschen auch), doch mit der Zeit wurde H. M. immer besser. Zwar konnte er sich nicht daran erinnern, jemals vorher auf diese Weise einen Stern gezeichnet zu haben, aber trotzdem blieb die Leistung über längere Zeit erhalten.

Sigmund Freud wunderte sich darüber, warum Kinder mit zwei oder drei Jahren zwar sprechen können und eine Menge lernen, sich daran aber nicht erinnern. Diese »infantile Amnesie« war lange Zeit ein Rätsel. Mittlerweile vermuten Forscher, dass der Hippocampus einfach länger braucht als andere Gehirnsysteme, um zu reifen – das heißt, um alle Verbindungen zwischen seinen Nervenzellen und auch nach außen zu bilden und zu festigen. Andere Regionen dagegen scheinen schon einsatzbereit zu sein, auch die Amygdala – ansonsten könnte man sich nicht erklären, warum Kinder eben sprechen lernen oder auch frühe Traumata erleben, die sich ein ganzes Leben lang auswirken können.

Hirnrinde, Hippocampus und Amygdala sind also die wichtigen Schaltstellen für das Gedächtnis. Was aber passiert genau im Gehirn, damit sich eine Erinnerungsspur verfestigt? Wie helfen uns die Nervenzellen zu lernen?

Wenn es ein implizites und ein explizites Gedächtnis gibt, dann könnte man vermuten, dass es zwei verschiedene Lernvorgänge auf der Ebene der Nervenzellen gibt. Tatsächlich sehen die Gehirnforscher Unterschiede beim bewussten und unbewussten Gedächtnis.

Der US-Biologe Eric Kandel gilt unter Fachleuten als der »Papst« der Gedächtnisforschung. Er hat nach den Botenstoffen gesucht, welche Zellen beim Lernen austauschen. Kandels Haustier ist die Meeresschnecke *Aplysia*. An ihr hat der Wissenschaftler, der 2000 mit dem Nobelpreis für Medizin geehrt wurde, minutiös nachvollzogen, was beim impliziten Lernen passiert. Das geht bei *Aplysia* ziemlich leicht: Man berührt den Mantelrand, woraufhin die Schnecke ihre Kiemen und den Siphon einzieht – eine ganz natürliche Reaktion auf eine Bedrohung. Koppelt man nun die Berührung mit einem anderen Reiz, etwa einem leichten Elektroschock am Schwanz, dann wird *Aplysia* nach einer Weile die Kiemen auch einziehen, wenn man ihren Mantelrand gar nicht berührt, sondern nur den Schwanz elektrisch reizt – ein klassischer Konditionierungsversuch, wie ihn auch Pawlow mit seinen Hunden gemacht hatte. Die Erinnerung an den Reiz verschwindet meist nach ein paar Minuten, aber reizt man *Aplysia* wiederholt, dann bildet sich eine Spur im Langzeitgedächtnis. Es mag etwas hochtrabend erscheinen, diese Konditionierung als Lernen zu bezeichnen, aber es ist eine einfache Form davon.

Wie Eric Kandel in jahrelangen Versuchen zeigen konnte: Eine Kaskade von Botenstoffen in der Nervenzelle sorgt dafür, dass *Aplysia* lernt. Am Anfang steht der Botenstoff Serotonin, der auch bei Menschen eine Rolle für Furchtempfinden und Gewalt spielt. Reizt man *Aplysia* elektrisch, dann bildet ihr Körper Serotonin, was wiederum über den Umweg des Signalstoffs »Zyklisches AMP« ein Enzym aktiviert. Dieses Enzym versetzt die motorischen Nervenzellen, die letztlich zum Kiemenreflex führen, in Bereitschaft, elektrische Signale zu feuern.

Ein wenig anders verläuft die molekulare Kettenreaktion, wenn man *Aplysia* oft genug reizt, um ihr Langzeitgedächtnis zu aktivieren. Dann nämlich wandert das Enzym direkt in den Kern der Nervenzellen. Dort aktiviert es bestimmte Übersetzungsmoleküle, spezielle Eiweißstoffe, welche das Ablesen genetischer Information ankurbeln. Diese Eiweißmoleküle wirken wie ein Schalter, der eine weitere Kaskade anwirft, bei der schließlich neue Proteine entstehen. Sie führen dazu, dass die elektrischen Veränderungen der Nervenzellen stabil bleiben und eine Gedächtnisspur gleichsam eingebrannt wird. Vor kurzem hat man übrigens herausgefunden, dass Schaltermoleküle aus der »Creb-Familie« nicht nur bei *Aplysia* zum Lernen beitragen, sondern auch bei Ratten. Sie scheinen also eine Art universeller Schalter für das Langzeitgedächtnis zu sein.

Zurzeit arbeitet Eric Kandel an einer Pille gegen das Vergessen. Denn nur wenn ein Reiz oft die Nervenzellen aktiviert oder stark genug ist, gelangt er ins Langzeitgedächtnis. Damit dieses nicht mit zu vielen Informationen zugemüllt wird, sorgen die Schaltermoleküle dafür, dass nur dauerhaft gespeichert wird, was das Gehirn als wichtig empfindet. Doch im Alter schwächelt bei den meisten Menschen das Langzeitgedächtnis – sie können sich Telefonnummern nicht mehr merken, Namen entfallen ihnen, und selbst in bekannten Städten tun sie sich schwer mit der Orientierung. Durch einen Eingriff in das Erbgut von Mäusen war es Kandel vor einem Jahrzehnt gelungen, die Tiere künstlich in einen vergesslichen Zustand zu versetzen. Inzwischen hat er einen Wirkstoff gefunden, der bei den Nagern den genetischen Schalter wieder umlegt, indem er die Wirkung der Schaltermoleküle blockiert oder zumindest abschwächt. In wenigen Jahren, so prophezeit Kandel, werde es die Pille für das Gedächtnis geben.

So viel zum impliziten Lernen. Auch bei der expliziten Form des Gedächtnisses ist man in den letzten Jahren ein gutes Stück weitergekommen. Die Idee, wie Nervenzellen lernen, ist schon alt. 1949 schlug Donald Hebb folgenden Mechanismus vor: Zwei Zellen sind schwach miteinander verbunden. Das heißt, wenn die eine Zelle feuert, dann feuert die zweite nicht notwendigerweise. Falls aber nun die zweite Zelle zufällig einmal eine elektrische Botschaft sendet, wenn die erste Zelle gerade elektrisch aktiv war, dann verstärkt sich die Verbindung zwischen den beiden. Hebb hat das von ihm vorgeschlagene Prinzip treffend ausgedrückt: »Cells that fire together, wire together.« Also: Zellen, die gemeinsam feuern, verdrahten sich.

Lange Zeit galt Hebbs Hypothese als interessant, aber unbegründet. In den siebziger Jahren entdeckten dann Forscher, dass Nervenzellen im Hippocampus einerseits und in der Hirnrinde andererseits tatsächlich ihre Verbindung dauerhaft stärken können. »Langzeitpotenzierung« heißt der Effekt. Er funktioniert wiederum über Botenstoffe, nämlich den NMDA-Rezeptor. Zur Erinnerung: Rezeptoren sind so etwas wie das Schloss für die Botenstoffe. Diese können ihre Wirkung nur entfalten, falls sie den richtigen Rezeptor finden. Normalerweise bleiben die NMDA-Rezeptoren in der Nervenzelle verschlossen. Dann können auch die Glutamat-Pakete einer anderen Nervenzelle, die gerade gefeuert hat, nirgendwo andocken – die Verbindung zwischen den Neuronen kann sich nicht verstärken. Wenn aber beide Nervenzellen gleichzeitig feuern, dann öffnen sich die NMDA-Rezeptoren und können die Glutamat-Moleküle aufnehmen – die Verbindung zwischen den Zellen festigt sich.

Im Reich der Gefühle

Seit jeher haben Philosophen den Menschen als eine Kreatur angesehen, die zwischen zwei Polen lebt: seinen Gefühlen und Trieben einerseits, seinem Verstand und seiner Vernunft andererseits. Angst, Ärger, Freude, Traurigkeit, Wut und Aggression hat man lange Zeit als die »animalische« Seite des Menschen betrachtet, als seine Schwäche, die Vernunft und das Fehlen von Gefühlen dagegen als Stärke. Parallel dazu wurde vermutet, dass Gefühle und Triebe dem so genannten limbischen System entspringen, einem tief gelegenen und aus Sicht der Evolution älteren Teil des Gehirns. Verstand und Geist wären dagegen in der Hirnrinde (Cortex) angesiedelt – in dem Bereich also, der beim Menschen viel Platz einnimmt und der verhältnismäßig sehr viel größer ist als bei allen Tieren. »Wir als rational-corticale Wesen sind Reiter ohne Sattel und Zügel auf dem wilden Pferd des limbischen Systems«, hat der Bremer

Hirnforscher Gerhard Roth den vermeintlichen Gegensatz zwischen Vernunft und Gefühlen treffend beschrieben.

Mittlerweile weiß man, dass diese Trennung des Gehirns – hier Emotionen, dort Verstand – so nicht stimmt. »Der Mensch als cortical-rationaler Reiter ohne Sattel und Zügel auf dem wilden Pferd des limbischen Systems« ist also ein falsches Bild. Unsere Hirnrinde ist nicht die logische, rationale »Maschine«, welche die immer wieder heftig aufbrodelnden Gefühle des limbischen Systems bändigen muss. Vielmehr stehen beide Teile des Gehirns in ständigem Dialog und bilden eine Einheit des Verstands und der Emotionen. In den nächsten Absätzen wird es also vor allem darum gehen, ein paar lieb gewonnene Vorstellungen über Bord zu werfen.

Natürlich nehmen Gefühle einen besonderen Platz in unserem Leben ein. Was Gefühle vom Denken unterscheidet, sind vor allem die Körperreaktionen, die etwa Angst oder Liebe begleiten: Der Herzschlag wird schneller, der Mund trocken, Schweiß bildet sich auf der Haut, die Muskeln spannen sich an. Wegen dieser Körperreaktionen empfinden wir Gefühle anders als Geisteszustände. Außerdem, meint der amerikanische Forscher Joseph LeDoux, beanspruchen Emotionen das Bewusstsein stärker, als die Kognition es tut: Wer hat nicht schon das Gefühl der Ohnmacht erlebt, wenn man seit zehn Minuten um den Häuserblock fährt und endlich einen Parkplatz gefunden hat, den ein anderer Autofahrer einem dann vor der Nase wegschnappt. In diesen Sekunden wird man von Wut regelrecht überrollt und kann an nichts anderes denken als an die verpasste Chance.

Faszinierend ist auch, dass Gefühle – im Gegensatz zur Sprache etwa – universell sind. Eskimos ärgern sich vermutlich über andere Dinge als der deutsche Großstadtbewohner – aber sie empfinden eben auch Ärger, der zudem mit einer ähnlichen Mimik einhergeht. Aus solchen Beobachtungen haben Forscher sechs elementare Emotionen abgeleitet: Überraschung,

Glück, Zorn, Furcht, Ekel und Trauer. Andere wollen die Liste um zwei Gefühle erweitert sehen: Scham und Interesse. Wiederum andere halten nur Panik, Wut, Erwartung und Furcht für die vier grundlegenden emotionalen Verhaltensweisen. Doch letztlich ist es egal, ob der Mensch nun vier, sechs oder acht fundamentale Emotionen empfindet: Gefühle unterscheiden sich nicht grundlegend von anderen Geisteszuständen. So prosaisch es klingt: Auch Furcht oder Liebe beanspruchen bestimmte Nervenzellen und Nervenbahnen – sie sind also auch nichts anderes als elektrische Zustände des Gehirns, ebenso wie Neuronen aktiviert werden, wenn wir sprechen oder rechnen.

Falsch ist auch die Vorstellung, dass es *ein* Gefühlszentrum gibt. Die Vorstellung kam in den fünfziger Jahren auf, und sie war zunächst durchaus attraktiv. Demnach würde es ein aus Sicht der Evolution älteres Gehirn geben, das limbische System. Während die entwicklungsgeschichtlich betrachtet neuere Hirnrinde fürs Denken zuständig wäre, würde das limbische System primitive Gefühle verarbeiten, die eben auch Tieren ein Überleben garantieren – Furcht zum Beispiel. Später jedoch fand man auch bei vielen Tieren Hirnbereiche, die der Hirnrinde des Menschen ähneln. Man hatte sie übersehen, weil sie anders angeordnet sind. LeDoux bezweifelt deshalb, dass es ein altes und neues Gehirn gibt. Dennoch muss man nicht gleich das Konzept des limbischen Systems verwerfen. Es trägt tatsächlich sehr viel zur Gefühlsverarbeitung bei, aber es ist eben nicht das alleinige emotionale Zentrum.

Wir werden noch darauf zurückkommen, welche Teile des Gehirns in Aktion treten, wenn wir Gefühle spüren und diese äußern. Doch wir sollten uns von der Vorstellung verabschieden, dass Gefühle vollständig getrennt von Gedanken verarbeitet werden. Darauf baut auch der Autor des Bestsellers ›EQ – Emotionale Intelligenz‹. Daniel Goleman hat sicher Recht, die Frage zu stellen: »Was nützt ein hoher IQ, wenn man ein emotionaler Trottel ist?« Aber seine Vorstellung von den zwei Seelen, die in uns wohnen, eine denkende und eine fühlende, ist überholt. Denken und Fühlen sind miteinander verwoben und bestimmen gleichermaßen unser Leben.

Dabei spielt auch die Hirnrinde eine aktive Rolle, wie ein Experiment deutlich macht: Der amerikanische Psychologe Stanley Schachter spritzte freiwilligen Versuchspersonen das Stresshormon Adrenalin. Einige von ihnen waren über die körperlichen Auswirkungen von Adrenalin, etwa Herzklopfen, informiert. Dann konfrontierte man die Probanden mit angenehmen oder unangenehmen Nachrichten, zum Beispiel: Sie haben bei einem Preisausschreiben gewonnen, oder: Es tut uns sehr leid, aber Ihre Firma hat gestern Pleite gemacht. Besonders euphorisch oder deprimiert reagierten die Versuchspersonen, die nicht wussten, dass Adrenalin die Körperreaktionen verstärkt. Die anderen dagegen zeigten sich gelassener.

Ein anderes Beispiel für die Rolle der Hirnrinde bei Gefühlen liefert der berühmte Fall von Phineas Gage: Der Arbeiter war 25 Jahre alt, als er 1868 bei Bahnarbeiten in Neuengland ein Loch in einem Felsen mit Dynamit füllte und das Pulver mit einer Eisenstange festdrückte. Die Ladung explodierte und trieb Gage die Eisenstange durch den Schädel. Sie hinterließ ein Loch, das sich durch den Stirnlappen zog. Keine Stunde nach dem Unfall war Gage wieder auf den Beinen und berichtete einem Chirurgen, was geschehen war. Er überlebte weitere zwölf Jahre, allerdings mit schweren Verhaltensstörungen. Der Mann, der zuvor als durchschnittlich intelligent, energisch und ausdauernd galt, schien aus dem Gleichgewicht geraten zu sein. Gage war unbeständig und wankelmütig, gleichzeitig kapriziös und manchmal starrsinnig geworden. Er schmiedete immerfort neue Pläne, die er kurz darauf zu Gunsten anderer Projekte verwarf. Kurzum, Phineas Gage schien nach der Verletzung seines linken Stirnlappens unter besonders negativen Gefühlen zu leiden.

Zurück zum mysteriösen limbischen System. Man darf es sich nicht als einen Gewebeklumpen vorstellen. Es besteht vielmehr aus mehreren zusammenhängenden Strukturen mit seltsamen Namen: den zwei bereits erwähnten »Mandelkernen«, auch Amygdala, und dem »Seepferdchen« oder Hippocampus. Zum limbischen System, früher auch Riechhirn genannt, gehört übrigens auch der Riechkolben, der die Signale der Nervenzellen in der Nase empfängt. Möglicherweise lautet deshalb eine gängige Redensart in der Umgangssprache »ich kann ihn nicht riechen«, was so viel heißt wie »er ist mir zutiefst unsympathisch«.

Vor über fünfzig Jahren machten der Psychologe Heinrich Klüver und der Neurochirurg Paul Bucy ein wichtiges Experiment. Sie entfernten einem Makaken den seitlich-unteren Teil des Gehirns, genauer gesagt beide Schläfenlappen. Damit büßte das Tier einen großen Bereich seines limbischen Systems ein. Der Affe, zuvor eher wild und voller Furcht vor Menschen, wurde zahm und verlor seine Angst. Gleichzeitig steckte er alles, was er finden konnte, in den Mund und fraß Dinge, die er zuvor abgelehnt hätte. Auch sein Sexualverhalten war wie verwandelt. Er masturbierte häufig und war ständig auf der Suche nach Partnern, wobei er nicht nur Makakenweibchen, sondern auch Männchen und Tiere einer fremden Art wählte. Mittlerweile weiß man, dass die Furchtlosigkeit im Wesentlichen auf die Amygdala zurückgeht.

Er kam nach Hause, durchgefroren und in trüber Stimmung, erzählt der französische Schriftsteller Marcel Proust in seinem Roman ›In Swanns Welt‹. Zunächst wollte er nichts zu sich nehmen, ließ sich dann aber doch von seiner Mutter überreden, eine Tasse Tee zu trinken und ein »Madeleine« zu essen – ein typisch französisches Plätzchen in Form einer Muschelschale. Proust gab einige Krümel davon auf einen Löffel voller Tee und schob ihn in den Mund. Plötzlich machte sich ein lustvolles Vergnügen in ihm breit, dessen Ursprung er sich zunächst nicht erklären konnte – bis er sich daran erinnerte, wie er als Kind am Sonntagmorgen in das Zimmer seiner Tante kommen und ein Stückchen Madeleine, in Tee getränkt, essen durfte.

Ein einziger Sinneseindruck lässt Gefühle Revue passieren: Die Sinnesreize, die das Gehirn des kleinen Marcel am Sonntagmorgen im Zimmer seiner Tante verarbeitete, haben seine Mandelkerne als angenehm bewertet. Dicht neben den Mandelkernen, im limbischen System, befindet sich der Hippocampus. Er speichert, wie wir im vorherigen Abschnitt gesehen haben, Gedächtnisinhalte und ruft sie wieder ab. Dabei vermutet man, dass die Gedächtnisinhalte selbst nicht dort, sondern in verschiedenen Teilen der Großhirnrinde, abgelegt sind. Menschen, deren Hippocampus zerstört ist, können sich an vieles nicht mehr erinnern, und sie haben große Probleme, sich Dinge zu merken, also neues Wissen abzuspeichern.

Marcel Prousts Hippocampus hat nicht nur die Erlebnisse im Zimmer der Tante gespeichert, sondern zugleich die angenehme Empfindung, die sie bewirkten. Das ist deshalb möglich, weil die Gedächtnisspeicher unseres Gehirns assoziativ arbeiten, wie es in der Fachsprache heißt. Wenn mehrere Dinge sozusagen in einer Schublade abgelegt werden, dann reicht es oft aus, eines davon herauszuholen, um sich an die anderen zu erinnern. Die Madeleine in Tee getränkt gehörte für Proust zum Sonntagmorgen sowie zu einem angenehmen Gefühl. Er musste nur diesen Geschmack verspüren, um damit das Gefühl wieder hervorzurufen und sich auch an die Erlebnisse im Zimmer seiner Tante zu erinnern.

Ein anderes Experiment führte Forscher auf die Spur des Zentrums, das die Körperreaktionen bei Gefühlen kontrolliert. Anfang der fünfziger Jahre wollten James Olds und sein damaliger Doktorand Peter Milner etwas über die neurologischen Grundlagen von Wachheit und Bewusstsein herausfinden. Dazu implantierten die kanadischen Forscher Ratten feine Drähte ins Gehirn und reizten bestimmte Nervenzellen. Bei einer Ratte muss eine Elektrode falsch gelegen haben, jedenfalls beobachteten Olds und Milner ein außergewöhnliches Verhalten. Die Ratte lief immer wieder zu der Stelle, an der sie den Stromstoß erhalten hatte, als ob sie nicht genug davon bekommen könnte. Ein späteres Experiment, bei dem die Ratte – die Elektrode an derselben Stelle implantiert – selbst auf eine Taste drücken konnte, um sich einen Stromstoß zu versetzen, bestätigte die Beobachtung: Der Stromstoß rief bei dem Tier lustvolle Gefühle hervor, und es drückte nun fortwährend die Taste, bis zu einem Zustand völliger Erschöpfung.

Olds und Milner hatten mit ihrer falsch platzierten Elektrode den Hypothalamus erwischt. Das kirschkerngroße Organ gehört zwar streng genommen nicht zum limbischen System, aber es liegt in der Nähe der Mandelkerne und ist damit verbunden. Obwohl er weniger als ein Prozent des gesamten Gehirngewichts ausmacht, gibt es kaum eine Verhaltensweise, an der der Hypothalamus nicht beteiligt ist – angefangen vom Essen, Schlafen, über die Kontrolle des Blutdrucks, der Körpertemperatur und der Atmungsfrequenz bis hin zum Sexualverhalten. Olds und Milner hatten die Elektrode offensichtlich in ein Gebiet eingepflanzt, das angenehme Gefühle hervorruft, in ein Lustzentrum also. Ganz genau wissen die Gehirnforscher noch nicht, welche Rolle der Hypothalamus bei Gefühlen spielt, sicher ist jedoch, dass es zwischen ihm und dem limbischen System vielfältige Verbindungen gibt. Das zeigt sich auch an den bereits beschriebenen Körperreaktionen, die mit unseren Emotionen einhergehen.

Ist Ihnen aufgefallen, dass bei den oben erwähnten universellen Gefühlen die Furcht immer genannt wird, egal, ob man von vier, sechs oder acht Grundemotionen ausgeht? Furcht ist sicherlich eines der wichtigsten Gefühle, denn es warnt uns vor gefährlichen Situationen. Wenn eine Maus keine Angst vor dem über ihr kreisenden Habicht hat, dann wird sie nicht lange überleben. Ein Kind, das ohne Furcht über die Straße läuft, lebt ebenfalls gefährlich. Wir brauchen die Angst also zum Überleben – zugleich kann übermäßige Furcht Menschenleben ruinieren. In den USA gibt es die genauesten Statistiken über Geisteskrankheiten: Demnach leiden von den fünfzig Millionen erwachsenen Amerikanern mit mehr oder weniger schweren psychischen Problemen allein zwanzig Millionen an Angststörungen.

Weil auch Tiere ein gewisses Maß an Furcht zum Überleben brauchen, ist es relativ einfach zu studieren, wie das Gefühl im Gehirn verarbeitet wird – einfacher jedenfalls als festzustellen, in welchem Zustand Nervenzellen sind, wenn wir uns freuen. Und wie man mittlerweile weiß, sind die Körperreaktionen, die mit Angst einhergehen, bei vielen Spezies identisch. Ob Vögel, Kaninchen oder Menschen: Wenn sie Furcht empfinden, werden die Fluchtreaktionen ähnlich gesteuert. Zudem schüttet das Gehirn Hormone aus, die dem Körper teilweise helfen, mit dem Stress fertig zu werden. Doch wenn dieser zu lange anhält, kann es sogar zu Hirnschädigungen kommen, wie wir später sehen werden.

Welche Nervenbahnen werden im Gehirn aktiviert, wenn eine Ratte Angst empfindet? Dieser Frage ist Joseph LeDoux nachgegangen. Dazu hat er das klassische Experiment der Konditionierung gemacht: Eine Ratte hört einen Ton. Kurze Zeit später versetzt man ihr einen leichten elektrischen Schlag. Wenn man diese Situation ein paarmal durchgespielt hat, wird die Ratte auch ohne elektrischen Schlag Angst empfinden, wenn sie den Ton hört: Sie erstarrt, ihr Blutdruck und Puls steigen an. Aber was genau passiert im Gehirn? LeDoux beschreibt seine Aufgabe folgendermaßen: Jemand ist in einem ihm unbekannten Land. Er bekommt eine Art Landkarte mit Ortsnamen überreicht, von denen ein Punkt sein Standort ist, der andere sein Ziel. Manche Punkte sind verbunden, aber es ist nicht sicher, ob es sich bei den Linien tatsächlich um Straßen handelt. Die Aufgabe besteht nun darin, sich ins Auto zu setzen und den besten Weg zum Ziel zu finden und dabei eine genaue Karte anzufertigen.

Übertragen auf das Gehirn heißt das: Der Ausgangspunkt ist das Ohr mit seinen Verbindungen zum Hörzentrum, Ziel ist die Abwehrreaktion der Ratte. Zu seiner Überraschung fand LeDoux heraus, dass die Ratte sehr wohl konditioniert werden kann, wenn ihr Hörzentrum in der Hirnrinde geschädigt ist. Dagegen lernte sie nicht mehr auf den Ton zu reagieren, wenn der auditorische Thalamus (eine Art Schaltstelle zwischen Ohr und Hirnrinde) entfernt wird. Das stand im Widerspruch zur bisherigen Vorstellung über den Thalamus: Man dachte, er sei eine Art Sklave der Hirnrinde und würde Sinnesreize direkt von den Sinnesorganen dorthin leiten.

Der Thalamus ist aber auch mit der Amygdala verbunden, von der man bereits wusste, dass sie für Gefühle wichtig ist. Der Gehirnforscher Antonio Damasio etwa untersuchte eine Patientin, bei der nur die Amygdala geschädigt war. Diese Patientin konnte alle Gefühle in Gesichtern, die man ihr zeigte, erkennen – außer Furcht. Auch LeDoux' Ratte konnte nicht auf die Furchtreaktion trainiert werden, wenn ihr die Amygdala fehlte. Zudem machten sich Schädigungen bestimmter Bereiche der Amygdala noch anders bemerkbar: Die Ratte erstarrte nicht mehr, und ihr Blutdruck blieb normal, selbst wenn sie zuvor konditioniert worden war.

LeDoux zeichnet deshalb folgende Landkarte der Angstverarbeitung: Ein Reiz trifft auf den Thalamus. Von dort verläuft eine Bahn (der »untere Weg«) zur Amygdala. Diese Bahn würde man im Englischen als »quick and dirty« bezeichnen, denn sie liefert der Amygdala ein schnelles, aber ungenaues Bild des Reizes und damit der Gefahr. Der andere Weg (der »obere«) verläuft vom Thalamus zur Hirnrinde, wo der Reiz genau verarbeitet wird. Von dort geht dann ein Signal zur

Amygdala, was zwar nicht so schnell ist, aber genauer – und möglicherweise auch schon eine genauere Einschätzung der Gefahr erlaubt.

LeDoux beschreibt folgende Situation: Ein Wanderer geht im Wald spazieren und stößt auf eine Schlange, die zusammengerollt hinter einem Baumstamm liegt. Der Thalamus gibt der Amygdala sehr schnell die Botschaft: gekrümmtes Objekt, das eine Schlange sein könnte – Vorsicht, Gefahr. Die Zeit, die die Amygdala einspart, indem sie aufgrund dieser Information handelt, kann also über Leben oder Tod entscheiden. Bei einer Ratte etwa dauert der untere Weg nur zwölf Millisekunden, der obere ist doppelt so lang.

Das schnelle Handeln bietet eindeutig einen Vorteil: Es erlaubt Tieren, die Flucht zu ergreifen, wenn sie Angst haben, gefressen zu werden. Auch Menschen geraten oft genug in gefährliche Situationen, in denen es besser ist, schnell zu reagieren, anstatt lange zu überlegen, wie gefährlich die Lage tatsächlich ist. Insofern nimmt die Amygdala die Rolle eines emotionalen Wachpostens ein.

»Die Amygdala vergisst nicht«, beschreibt Gerhard Roth die wichtigste Funktion der Mandelkerne. Der Bremer Gehirnforscher geht sogar einen Schritt weiter: Indem es Wünsche äußert und grünes Licht für Handlungen gibt, hat das emotionale System das erste und das letzte Wort bei Entscheidungen, ist Roth fest überzeugt. Um komplexes Expertenwissen zu bewerten und Handlungsalternativen abzuwägen, bedarf es freilich der Großhirnrinde. »Deshalb schafft sich das limbische System einen Cortex an«, entkräftet Gerhard Roth die Dominanz des Cortex.

Das von Joseph LeDoux gezeichnete Bild vom oberen und unteren Weg kann auch erklären, warum Menschen an Angststörungen leiden. Sie empfinden panische Furcht vor Spinnen oder würden auf keinen Fall in einem Aufzug fahren. Andere fühlen sich auf großen Plätzen bedroht und tun alles, um solche Orte zu meiden. Wie wir im vorangegangenen Abschnitt gesehen haben, verstärkt Lernen die Bahnen zwischen den beteiligten Nervenzellen. Bei manchen Menschen könnte es sein, dass die untere, direkte Bahn zwischen Thalamus und Amygdala stärker verdrahtet ist als die obere. Sie kann deshalb später die Kontrolle über das Angstempfinden übernehmen, egal, ob der Betroffene nun eine Spinne sieht oder nicht. Tatsächlich ist es so, dass Phobiker auch leicht unter generellen Angststörungen leiden. Sie fürchten sich, wissen aber gar nicht mehr wovor. Sie haben keine Chance, bewusst mit ihren Ängsten umzugehen, weil die emotionale Verbindung zwischen Amygdala und Thalamus so stark ist. Ihnen fehlt die Einsicht in ihre Emotionen und sie zeigen möglicherweise Gefühle, die der sozialen Situation nicht angemessen sind.

Viele Medikamente zur Behandlung von Angst hat man durch die Beobachtung an Tieren entwickelt. Eine Ratte, der man beim Betreten einer Plattform in ihrem Käfig einen elektrischen Schlag versetzt, wird am nächsten Tag nicht die Plattform betreten. Erhält sie jedoch eine Valiumspritze, wird sie viel mutiger sein und in ihrem Käfig herumwandern, um zu sehen, ob die Gefahr noch besteht.

Valium etwa gehört zur Familie der Benzodiazepine. Diese haften sich an bestimmte Rezeptoren im Gehirn und erhöhen dadurch die hemmende Wirkung des Botenstoffes GABA. Die Folge: Reize zwischen Nervenzellen werden weniger gut weitergeleitet, weshalb Valium nicht nur die Angst nimmt, sondern das Gehirn insgesamt etwas träger macht.

Kürzlich haben Forscher ein weiteres Puzzleteilchen für den neuronalen Mechanismus der Angst gefunden. Bei Mäusen, denen das Gen für einen bestimmten Rezeptor fehlt, funktioniert die Ausschüttung von GABA nicht richtig – mit der fatalen Folge, dass wichtige Nervenzellen in der Amygdala übermäßig elektrisch aktiv sind und Verbindungen zwischen der Amygdala und der Großhirnrinde verstärkt werden.

Mittlerweile weiß man auch, wie eine bestimmte Form der Psychotherapie Angststörungen beseitigen kann. Bei der Löschungstherapie geht es darum, den Betroffenen mit immer stärkeren Angstreizen zu konfrontieren, bis die emotionale Reaktion ausbleibt. Damit löst man eine Art umgekehrte Konditionierung aus: Die gelernten Ängste werden gelöscht. Der US-Forscher Michael Davis hat gezeigt, dass die Löschung bei Ratten ähnlich abläuft wie die Konditionierung. In beiden Fällen verstärken sich die Verbindungen zwischen Nervenzellen. Das deutet darauf hin, dass die Therapie eine Methode ist, Bahnen zwischen der Hirnrinde und der Amygdala zu festigen. Anders ausgedrückt: Man bringt den Cortex dazu, die Amygdala stärker zu kontrollieren.

Grammatik-Maschine und Lexikon

Liane K. hatte einen Gehirnschlag erlitten. Wie viele andere Betroffene hatte auch sie Probleme mit dem Sprechen. Die 66-Jährige konnte sich zwar noch flüssig ausdrücken. Das, was sie ihren Mitmenschen mitteilte, war jedoch voller Fehler. Außerdem verstand sie andere sehr schlecht – kurzum, sie zeigte typische Symptome einer »Aphasie«, wie Fachleute einen Sprachausfall nennen. Doch Liane K. konnte gar nicht sprechen, zumindest nicht so, wie wir es uns gewöhnlich vorstellen. Sie war nämlich seit dem Alter von sechs Monaten taub und demzufolge auch stumm. Um sich zu verständigen, benutzte sie Ameslan, die amerikanische Gebärdensprache. Ameslan ist ziemlich komplex, und Gehörlose können sich damit sehr gut unterhalten. Das geht so weit, dass sie sogar Zeichenwitze reißen.

Dass auch die Gebärden von Gehörlosen ähnlich wie Sprache im Gehirn verarbeitet wird, fasziniert Forscher und Laien gleichermaßen – ist es doch ein Hinweis darauf, dass die

Fähigkeit zu sprechen teilweise angeboren ist. Wir werden später darauf zurückkommen.

Tiere laufen, schwimmen und fliegen. Sie sehen, hören, riechen, schmecken und fühlen. Sie lieben und hassen sich. Sie verständigen sich mit Mimik und Gebärden. Aber sie können im Gegensatz zum Menschen nicht reden. Sprache ist eine wesentliche Voraussetzung für Kultur; sie führt dazu, dass Wissen sich vermehrt; denn Erfahrungen können von einer Generation zur nächsten überliefert werden, sei es mündlich oder schriftlich. Sprache ist aber nicht nur ein Mittel zur Verständigung, sondern entscheidend im Prozess des Erkennens, schreibt der russische Neurologe Alexander Lurija in seinem Buch ›Der Mann, dessen Welt in Scherben ging‹. Sprache organisiert, so Lurija, unsere innere Welt. Der französische Biologe und Nobelpreisträger Jacques Monod meint sogar, dass Sprache das Ei gewesen ist, aus dem die Henne Mensch geboren wurde. »Die Sprache könnte den Menschen erschaffen haben, viel mehr als der Mensch die Sprache«, hat Monod gesagt.

Kein Wunder also, dass zahlreiche Gehirnforscher sich für Sprache interessieren. Sie versuchen herauszufinden, wie wir einen einfachen Satz wie »Paul gibt Anna den Apfel« in Bruchstücke zerlegen und analysieren, um seinen Inhalt zu verstehen. Sie erforschen, wie unser Gehirn einen Satz aus Wörtern zusammenbaut und die Muskeln im Kehlkopf anweist, diesen zu sprechen. Dass Sprechen ziemlich kompliziert ist, zeigt die Beobachtung von kleinen Kindern. Es dauert ein Jahr, bis sie ein Wort herausbringen, zwei Jahre, bis sie zwei Wörter zusammensetzen, und drei Jahre, bis sie Sätze bilden. Wie einfach ist dagegen Sehen, Hören, Laufen oder Essen. Und dennoch ist es ein Wunder, wie der US-Sprachforscher Steven Pinker anmerkt, dass Kinder überhaupt so schnell sprechen lernen.

Wie ist Sprache entstanden, und wann haben Menschen begonnen zu sprechen? Das wird wohl immer ein Rätsel bleiben. Gesprochene Wörter hinterlassen schließlich keine Fossilien oder Fußabdrücke. Dementsprechend unterschiedlich sind auch die Schätzungen der Wissenschaftler, die nach dem Ursprung von Sprache suchen. Sie reichen von 50 000 bis mehreren 100 000 Jahren. Die amerikanische Forscherin Marjorie LeMay hat eine Spur verfolgt, die davon ausgeht, dass Sprache größtenteils in einer Gehirnhälfte angesiedelt ist. So weiß man, dass fast alle Rechtshänder sowie über zwei Drittel der Linkshänder mit der linken Hemisphäre sprechen und Sprache verstehen. Das zeigt sich sogar in der Anatomie des Gehirns: Bestimmte Bereiche sind links größer als rechts. Weil sie mehr Platz beanspruchen, beulen sie auch den Schädelknochen etwas stärker aus.

Marjorie LeMay hat Schädelknochen auf Asymmetrien hin untersucht und bei vielen Exemplaren ein Ungleichgewicht zwischen links und rechts gefunden. Der älteste entsprechende Fund war 500 000 Jahre alt. Es könnte also sein, dass die Anlagen für Sprache sich bereits vor einigen hunderttausend Jahren gebildet haben. Aus verschiedenen Gründen vermuten Forscher jedoch, dass Sprache selbst erst vor frühestens 100 000 Jahren entstanden ist. Der Kehlkopf zum Beispiel hat erst vor etwa 50 000 Jahren eine Form und Größe erreicht, die flüssige Sprache überhaupt ermöglicht.

Um sich zu verständigen, benutzen Affen Laute und Gesten. Bei den meisten Rhesusaffen steuert die linke Gehirnhälfte die Entstehung der Laute, mit denen die Tiere Furcht, Zuneigung oder Aggression ausdrücken, wie amerikanische Anthropologen kürzlich herausgefunden haben. Auch Schimpansen haben asymmetrische Gehirne. Bedeutet das, dass menschliche Sprache aus der Kommunikation zwischen Affen entstanden ist? Dazu gibt es verschiedene Theorien. Die einen besagen im Wesentlichen, dass Affen sich im Lauf ihrer Evolution aufgerichtet hätten, vor allem, um ihre Gliedmaßen zur Verständigung zu benutzen. Aus dieser Gebärdensprache habe sich gesprochene Sprache entwickelt. Die anderen sehen den Menschen als Nachkommen von Affen, welche instinktiv Laute verwendeten, um vor Gefahren zu warnen oder Sexualpartner zu werben. Möglicherweise liegt, wie so oft, die Wahrheit dazwischen: Sowohl Laut- als auch Gebärdensprache könnten Vorläufer für die menschliche Form der Kommunikation gewesen sein.

Falls diese Vorstellung zutrifft, würde sie zugleich eine Antwort auf ein Rätsel der Gehirnorganisation liefern. Fast jeder Mensch hat eine bevorzugte Hand, mit der er isst, schreibt und Aufgaben erledigt, die Fingerspitzengefühl im wörtlichen Sinn erfordern. Diese Hand wird von der entgegengesetzten Gehirnhälfte gesteuert, bei Rechtshändern also von der linken Hemisphäre. Bei Rechtshändern liegen dort auch die Sprachzentren, während manche Linkshänder mit der rechten Hemisphäre, andere mit beiden Gehirnhälften sprechen. Wenn sich Sprache gleichzeitig aus den Schreirufen und Gebärden der Affen entwickelt hat, dann wäre es nicht verwunderlich, dass die Sprachzentren des Menschen in der Gehirnseite liegen, welche zugleich die bevorzugte Hand kontrolliert.

Auf diesen Zusammenhang stützen sich auch manche Forscher, wenn sie nach dem Ursprung von Sprache fahnden. Sie untersuchen Steinwerkzeuge und versuchen daraus zu schließen, für welche Hand sie gehauen wurden. Über die Jahrtausende hinweg haben sich die Formen der Werkzeuge zu Gunsten der rechten Hand verändert. Vor etwa zwei Millionen Jahren soll es noch knapp fünfzig Prozent Linkshänder gegeben haben, im Laufe der Zeit nahm ihre Zahl jedoch ab. Vor etwa 70 000 Jahren sind den Werkzeugstudien zufolge bereits siebzig Prozent der Menschen Rechtshänder gewesen. Parallel zu dieser Verschiebung hätte sich die Sprache entwickelt und, zumindest bei den meisten Menschen, in der linken Gehirnhälfte breit gemacht. Dass Sprache und Hand mehr miteinander zu tun haben, als es auf den ersten Blick erscheint, zeigt auch die Organisation im Zentrum für Motorik des Gehirns. Bewegungen der Hand und der Sprechmuskeln werden von benachbarten Gruppen von Nervenzellen gesteuert.

Etliche Forscher haben versucht, Schimpansen das Sprechen beizubringen. Schimpansen und Menschen stimmen immerhin in 98 Prozent ihres Erbguts überein, es ist also nicht abwegig zu vermuten, dass die Affen eine Anlage für Sprache haben. Richtig sprechen können sie freilich nicht, weil ihr Kehlkopf dazu nicht geeignet ist. Ähnlich wie bei Neugeborenen liegt ihr Kehlkopfeingang auf der gleichen Höhe wie ihr Mund. Bei Kleinkindern senkt sich mit der Zeit der Kehlkopf, und der Stimmapparat nimmt die für den Menschen charakteristische rechtwinklige Form an. Bei Schimpansen und anderen Affen dagegen bleibt der Stimmapparat in Form eines flachen Bogens. Nur die rechtwinklige Form aber ermöglicht es, wie Forscher herausgefunden haben, die Vokale »i«, »a« und »u« zu produzieren, weshalb Menschen ziemlich viele komplexe Laute hervorbringen. Wenn Schimpansen auch nicht sprechen, so benutzen sie doch Gebärden, um sich zu verständigen. Können sie zumindest eine Zeichensprache lernen?

Mit vier Jahren beherrschte Washoe etwa 160 Wörter. Sie kannte die Zeichen für Gegenstände wie Vogel oder Hand. Sie benutzte Adjektive wie heiß oder grün, und sie kannte den Unterschied zwischen mehr und weniger. Das Schimpansenweibchen war von dem Forscherpaar Allen und Beatrice Gardner von der Universität Nevada (im Landkreis Washoe) wie ein Kind aufgezogen und dabei trainiert worden, die amerikanische Taubstummensprache Ameslan zu lernen. Washoe lernte sehr schnell. Nicht nur das: Nach einer Weile kombinierte sie Zeichen, wie es auch ein- bis zweijährige Kinder tun. Eines ihrer ersten Zeichen war »Kitzeln«, weil sie sich so gerne kitzeln ließ. Nachdem sie während einer Kitzeltour das Zeichen für »mehr« gelernt hatte, verlangte sie beim Essen nach »mehr Banane«.

Angespornt durch Washoes Sprachbegabung wollten Forscher herausfinden, ob die Menschenaffen ihre Zeichen nach grammatikalischen Regeln aneinanderfügen. Das Schimpansenweibchen Sarah wurde trainiert, sich mit Hilfe von Plastikchips auszudrücken. Sie lernte, damit Sätze zu formen. Sie konnte Sätze verneinen, Fragen stellen und »Wenn-dann«-Konstruktionen verstehen. Sarah lernte zum Beispiel, dass man ein Messer braucht, um einen Apfel zu schneiden, und dass ein Tuch nass wird, wenn man es ins Wasser wirft.

Schimpansen (übrigens auch Gorillas) können also ihre Zeichen strukturieren und ein wenig Grammatik in ihrer Gebärdensprache verwenden. Sie können, wie wir gesehen haben, einen Wortschatz erlernen, wenn auch nur einen begrenzten (vierjährige Kinder beherrschen immerhin etwa 3000 Wörter, während Washoe es nur auf die besagten 160 brachte). Damit scheinen sie die Grenzen ihrer Fähigkeit allerdings erreicht zu haben. Viele Sprachforscher betonen, dass die erlernte Zeichensprache der Schimpansen sehr mechanisch ist. Der Schimpanse Nim Chimpsky zum Beispiel »spricht« nicht kreativ, wie sein Trainer Herbert Terrace meint, sondern indem er dessen Sprache nachahmt. Ob Washoes Konkurrenten nicht so gut abschneiden wie das Schimpansenweibchen aus Nevada, weil sie anders trainiert worden sind – Washoes Pflegeeltern haben zum Beispiel in ihrer Gegenwart nur Zeichensprache benutzt –, ist nicht ganz klar. Noch heute streiten Sprachforscher darüber, wie primitiv oder elaboriert die Zeichensprache der Menschenaffen ist. Eines hat das Studium der Schimpansen jedoch deutlich gemacht: Will man Sprache erforschen, so können Tiere nur begrenzt als Modelle für den Menschen dienen.

Sprache ist also typisch menschlich. Ist sie denn auch angeboren? Lernen wir sprechen, weil wir die entsprechende genetische Ausstattung tragen oder weil wir unsere Eltern nachahmen? Vieles deutet darauf hin, dass die These des amerikanischen Linguisten Noam Chomsky stimmt, wonach es eine

Art Universalgrammatik gibt. Manche Kinder lernen schneller sprechen als andere, im Durchschnitt jedoch erreichen sie die typischen Meilensteine – Einzelwörter, Zwei-Wort-Sätze im Telegrammstil, vollständige Sätze – im gleichen Alter. Eltern, die ihren Kindern früh das Sprechen beibringen wollen, sind meist wenig erfolgreich: Die Sprösslinge lernen in der Regel auch nicht schneller, wenn mit ihnen besonders viel gesprochen wird. Geistig Behinderte machen, wenn auch etwas langsamer, ebenfalls die normale Sprachentwicklung durch.

Erwachsene Japaner tun sich schwer, »l« und »r« zu unterscheiden. Japanische Babys dagegen können diese Laute auseinander halten – eine Fähigkeit, die sie später verlieren. Ähnliches gilt für alle Neugeborenen, egal, welche Sprache ihre Eltern und Geschwister sprechen. Sie können zunächst alle möglichen Laute unterscheiden, selbst wenn diese in ihrer Muttersprache gar nicht vorkommen. Es scheint also, als ob es in ihrem Gehirn eine Art Gesamt-Repertoire von Lauten gibt. Diejenigen Laute, die sie immer wieder hören, lernen sie nachzusprechen, und sie schreiben sich in ihrem Gehirn fest. Die anderen werden aus dem Repertoire gelöscht. Ähnlich ist es übrigens bei Vögeln. Nach der Geburt zwitschern die Jungen noch und produzieren dabei eine große Vielfalt von Tönen. Mit zunehmendem Alter lernen sie den für ihre Art typischen Gesang, und ihr Repertoire schrumpft auf ein paar Töne zusammen.

Unterstützung erhalten Chomsky und seine Anhänger durch neue Versuche mit taubstumm geborenen Kindern. Die amerikanischen Forscherinnen Susan Goldin-Meadow und Carolyn Mylander verglichen die Gebärdenfolge von je vier Kindern aus Amerika und Taiwan. Während die sprechenden Mütter meist nur einzelne Gesten verwendeten, bildeten die Kinder regelrechte Sätze. Das Überraschende: Ob Taiwanesen oder Amerikaner, sie bauten ihre Zeichen-Sätze ähnlich auf – ein Hinweis auf eine angeborene Grammatik.

Brillen für die Ohren

Zwischen zehn und dreißig Prozent der Bevölkerung leiden amerikanischen Schätzungen zufolge an Lese-Recht-schreib-Schwäche. Betroffene Kinder tun sich schwer mit Lesen und Schreiben, sie verwechseln oft die Buchstaben b und d oder lesen das Wort TOR als ROT. Die auch als Dyslexie oder Legasthenie bezeichnete Störung hat man früher häufig einer verminderten Intelligenz zugeschrieben, mittlerweile geht man jedoch davon aus, dass Dyslexie eher auf einer Entwicklungsstörung des Gehirns beruht. Weil es unter den betroffenen Kindern besonders viele Linkshänder gibt, vermuten manche Forscher, dass sich die für Sprache zuständige linke Gehirnhälfte nicht richtig entwickelt hat. Andere sehen die Ursache der Störung in einer fehlerhaften Wahrnehmung. So könnten Dyslexiker Probleme haben, visuelle Reize oder Töne mit der nötigen Geschwindigkeit zu unterscheiden. Für alle drei Hypothesen sprechen verschie-

Manche Forscher wollen sogar schon das erste Sprach-Gen dingfest gemacht haben. Entdeckt hat man es durch die Beobachtung einer Londoner Familie, deren Mitglieder häufig unter Sprachstörungen leiden. Bei den Betroffenen ist das Gen namens SPCH1 verändert, und man vermutet, dass die Mutation die Probleme verursacht. Allerdings sind bei den Familienmitgliedern nicht nur die Grammatikfähigkeiten eingeschränkt, sie haben auch Probleme, ihre Muskeln von Mund, Zunge, Gaumen und Kehlkopf zu koordinieren. Deshalb weiß man nicht, was SPCH1 tatsächlich bewirkt. Sprache ist also größtenteils eine angeborene Fähigkeit, die sich allerdings erst durch die richtige Stimulation entwickelt. Gehörlos gebore-

dene Experimente, weshalb möglicherweise verschiedene Störungen zu Dyslexie führen. Die US-Sprachforscherin Paula Tallal arbeitet mit Kindern, die unter Sprachfehlern leiden. Tallal kam zu dem Schluss, dass diese Kinder schlecht sprechen, weil sie Schwierigkeiten haben, ähnliche Wörter auseinander zu halten. Packen und Paket zum Beispiel klingt für sie gleich. Die Forscherin an der Ruttgers Universität im US-Bundesstaat New Jersey entwickelte daraufhin ein Trainingsprogramm. Brillen für die Ohren nennt Paula Tallal es. Die Kinder müssen immer wieder Sätze hören, in denen die kritischen Silben künstlich in die Länge gezogen sind. Außerdem lernen sie mit Hilfe von Computerspielen, Laute zu unterscheiden. Nach dem Training, das einen Monat dauert, machen die Kinder einen riesigen Entwicklungsschub, entsprechend einem sprachlichen Fortschritt von zwei Jahren. Wenn Dyslexie tatsächlich auf einer Störung der Lautverarbeitung beruht, dann könnte – so hofft Tallal – mit einem ähnlichen Trainingsprogramm vielen Kindern geholfen werden.

ne Babys lernen nicht sprechen, und sie eignen sich auch keine Zeichensprache von alleine an. Auch der Fall des Mädchens Genie macht deutlich, dass Sprache nicht nur in den Genen liegt: Genie, deren Mutter geistig gestört war, hatte die ersten zwölf Jahre ihres Lebens praktisch alleine, angebunden auf einem Toilettenstuhl, in einer kleinen Kammer verbracht. Sie war stets bestraft worden, wenn sie einen Laut von sich gab. Trotz intensiven Trainings hat Genie nach ihrer Befreiung nicht richtig sprechen gelernt, und sie benutzt Kindersprache, selbst wenn sie »erwachsene« Gedanken äußert.

So viel zur Sprachentwicklung. Wo aber wird Sprache im Gehirn verarbeitet? Welche Nervenzellen sind aktiv, wenn wir

Laute von uns geben oder einen Satz versuchen zu verstehen? Das herauszufinden war und ist nicht einfach. Anders als beim Sehen oder Hören, wo man durch Tierversuche sehr viel gelernt hat, kann man schließlich nicht die Nervenzellen von Versuchspersonen anzapfen, während sie sprechen. Bis vor kurzem waren die Forscher deshalb auf Menschen mit Sprachstörungen angewiesen, die an einem Tumor oder einem Gehirnschlag litten. Mit einem Computer-Tomogramm ließ sich der Schaden finden und seine Auswirkungen studieren.

Als Geburtsjahr der Sprachforschung gilt das Jahr 1861, als der bereits erwähnte französische Nervenarzt Paul Broca das Gehirn des sprachlosen, aber ansonsten geistig völlig gesunden »Tan« untersuchte. Broca stellte an einer Stelle im unteren Stirnlappen eine Schädigung fest. Dort muss die Fähigkeit zu sprechen lokalisiert sein, schloss daraus der französische Forscher, und dieser Teil des Gehirns heißt seitdem Broca-Areal. Tan litt vermutlich an einer Broca-Aphasie. Eine Aphasie ist der Fachausdruck für eine Störung in den Sprachzentren des Gehirns und bedeutet wörtlich: Sprachlosigkeit. Menschen mit Aphasien haben Probleme, Sprache zu verstehen oder selbst zu sprechen, ohne dass sie Defizite in ihren Sinnen oder ihrer Motorik haben.

Ein Patient mit einer Broca-Aphasie spricht sehr wenig, im schlimmsten Fall gar nicht. Wenn er es versucht, redet er stockend, im Telegrammstil. Er benutzt selten Artikel oder Funktionswörter wie »der«, »in«, »über« oder »manche«, dafür umso mehr Hauptwörter. Ein Mann mit Broca-Aphasie, der seinem Arzt erklären sollte, warum er im Krankenhaus war, sagte zum Beispiel: »Ah … Montag … Vater und Paul (der Name des Patienten) … und Vater … Krankenhaus … zwei … ah … Ärzte … dreißig Minuten … Krankenhaus.«

Die meisten Menschen mit Broca-Aphasie verstehen gesprochene oder geschriebene Sprache gut. Das Gegenteil gilt für jene Patienten, die an einer Wernicke-Aphasie leiden. Diese Sprachstörung betrifft ein anderes Sprachzentrum, das nach dem deutschen Sprachforscher und Zeitgenossen Brocas, Karl Wernicke, benannt ist. Das Sprachverständnis von Wernicke-Aphasikern ist sehr schlecht. Sie können zwar flüssig sprechen, ihre Sätze sind meist jedoch merkwürdig, wenn nicht sogar ziemlich unsinnig. Ein Patient zum Beispiel, der nach seinem Befinden gefragt wurde, antwortete mit einem Kauderwelsch, das kaum Hauptwörter enthielt, dafür viele: »Ja, das kann ich Ihnen sagen, dass ich Beschwerden habe. Na, ich muss mal anders … ich glaube, man sollte bei Null beginnen und nicht bei oben. Es ist so: gegenüber früher möcht ich erst einmal sagen über den ganz großen Beginn erst mal als ich ankam ist es natürlich ganz entschieden …«

Eine Wernicke-Aphasie tritt auf, wenn das Wernicke-Areal, das sich im hinteren oberen Schläfenlappen befindet, geschädigt ist. Die von Broca und Wernicke zuerst beschriebenen Bereiche sind die zwei wichtigen Sprachzentren des Gehirns. Um zu verstehen, wie sie gemeinsam am Sprechen beteiligt sind, stellen Sie sich folgende Aufgabe vor: Sie sollen einen Gegenstand, der auf einem Tisch steht, benennen. Das Objekt erregt zunächst die Zellen in Ihrer Netzhaut. Sie übermitteln dem Gehirn Signale, die im Sehzentrum auf Form, Farbe und Tiefe hin analysiert werden. Im so genannten Assoziationscortex, einem Bereich des Gehirns, der verschiedene Informationen zusammenfügt, wird der Reiz als eine Tasse erkannt. Vom Assoziationscortex wandert daraufhin ein Signal zum Wernicke-Areal. Dort, so vermutet man, wird das Konzept einer Tasse, das in Ihrem Kopf entstanden ist, in das Wort »Tasse« umgeschrieben. Das ist deshalb möglich, weil das Wernicke'sche Sprachzentrum eine Art Lexikon ist, das die »Gedächtnisspuren« geschriebener und gesprochener Wörter enthält. Mit Hilfe des Wernicke-Areals können Sie sich also auch vorstellen, wie das Wort »Tasse« auf einem Stück Papier geschrieben aussieht. Die Tasse, die nun als Wort in Ihrem

Kopf existiert, wandert über ein Bündel von Nervenfasern zum Broca'schen Areal. Es ist ebenfalls ein Lexikon. In ihm sind die Wörter als Folge von Bewegungen der Sprachmuskeln abgelegt. Das Wort »Tasse« wird im Broca-Areal in Laute umgesetzt, die als gesprochene »Ta-s-se« aus Ihrem Mund herauskommen. Das Broca'sche Sprachzentrum kann aber noch mehr: Es ist eine Art Grammatik-Maschine und übersetzt mehrere, zusammenhängende Konzepte in die korrekte grammatikalische Form. Wir können deshalb nicht nur »Tasse« sagen, sondern zum Beispiel: »Die Tasse steht auf dem Tisch«.

Genau das fällt einem Patienten mit Broca-Aphasie schwer. Er hat zwar die Tasse erkannt und gesehen, dass sie auf dem Tisch steht. Er ist jedoch unfähig, aus dieser Erkenntnis einen korrekten Satz zu konstruieren. Bei dem Wernicke-Aphasiker kommt es gar nicht so weit. Bei ihm wird das visuelle Konzept der Tasse nicht in ein gesprochenes oder geschriebenes Konzept übersetzt.

In den letzten Jahren hat sich das Bild von Grammatik-Maschine und Lexikon etwas gewandelt. Die Leipziger Sprachforscherin Angela Friederici vermutet sogar, dass das Gehirn sich zunächst nicht dafür interessiert, was gesagt wird, sondern wie es gesagt wird. Friederici hat Versuchspersonen Sätze vorgespielt und dabei ihre elektrische Hirnaktivität gemessen: Demnach untersucht zuerst das Broca-Areal die grammatikalische Struktur eines Satzes. Das geschieht innerhalb von 200 Millisekunden. Dann wird 300 Millisekunden lang die Bedeutung der Wörter durch das Wernicke-Areal überprüft. Nach insgesamt 700 Millisekunden gleicht das Gehirn die Ergebnisse von Wort- und Satzanalyse ab. Tatsächlich reagieren Nervenzellen im Broca'schen Bereich sehr schnell auf grammatikalisch falsche Sätze wie »Der Freund wurde im besucht«.

Dagegen dauert es etwas länger, bis wir merken, dass mit dem Satz »Der Honig wurde ermordet« etwas nicht stimmt. In diesem Fall schlagen die Nervenzellen in der Gegend des Wernicke'schen Areals Alarm. Dieses Modell könnte auch erklären, warum wir uns so schwer tun, eine Fremdsprache zu erlernen. Während Muttersprachler die schnelle Reaktion auf Satzstrukturen in ihren Gehirnströmen aufweisen, fehlt diese bei Menschen, die Sätze einer Fremdsprache hören. Friederici vermutet, dass sich der schnelle neuronale Schaltkreis ab einem gewissen Alter – etwa fünf Jahren – nicht mehr entwickelt. Zwar gelingt es auch Erwachsenen, französische Grammatik zu lernen, aber vermutlich vernetzen sich die beteiligten Nervenzellen nicht mehr so effektiv.

Kommen wir zurück auf die taubstumme Liane K.: Ihr Gehirnschlag hatte zwar nicht das Wernicke-Areal getroffen, sondern den so genannten linken Scheitellappen, einen Bereich des Gehirns, der daran beteiligt ist, eine Folge von Handbewegungen zu steuern. Trotzdem vermuten Forscher mittlerweile, dass es in der linken Hemisphäre ein auf Sprache im weitesten Sinn spezialisiertes System gibt. Amerikanische Wissenschaftler testeten mehrere Taubstumme, die kurz zuvor einen Gehirnschlag erlitten hatten. Sie mussten »sprachliche« sowie räumlich-visuelle Aufgaben (die typischerweise die rechte Gehirnhälfte beanspruchen) lösen. Die Patienten mit einer Schädigung der rechten Hemisphäre hatten Schwierigkeiten mit den visuellen Tests, sie benutzten die Zeichensprache aber ohne Probleme. Bei jenen mit einer Läsion in der linken Gehirnhälfte war es genau andersherum: Sie schnitten bei den visuellen Aufgaben gut ab, taten sich jedoch teilweise sehr schwer beim Gebrauch von Ameslan – ein Hinweis darauf, dass auch Zeichensprache von der linken Hemisphäre übernommen wird.

Fast alle Rechtshänder und auch ein Großteil der Linkshänder sprechen mit ihrer linken Hemisphäre. Das bedeutet jedoch nicht, dass die rechte Hemisphäre beim Sprechen »stumm« bleibt. Ihr ist es zu verdanken, dass wir sowohl unsere eigenen Gefühle ausdrücken können als auch die Emotionen unseres Gesprächspartners erkennen. Das melodische Auf und Ab der Sprache sowie freundliche oder aggressive Gesten werden von der rechten Gehirnhälfte erzeugt beziehungsweise von ihr verstanden. Manche Forscher vermuten sogar, dass es zu den Zentren von Broca und Wernicke emotionale Gegenstücke in der rechten Hemisphäre gibt. Es gäbe demnach zwei Bereiche, von denen einer die Gefühle in der Sprache erzeugt, der andere sie versteht. Tatsächlich scheint es Menschen zu geben, so genannte Aprosodier (Prosodie bezeichnet den Rhythmus und die Intonation der Sprache), die Probleme mit der emotionalen Färbung von Sprache haben.

»Was ging da vor sich? Gelächter kam von der Aphasiker-Station, gerade als die Rede des Präsidenten begann, und sie waren doch alle so begierig gewesen, den Präsidenten sprechen zu hören«, schreibt der Neurologe und Psychiater Oliver Sacks in dem Bestseller ›Der Mann, der seine Frau mit einem Hut verwechselte‹. Offenbar waren die Patienten, die an schwerwiegenden Aphasien litten, von der Rede des amerikanischen Präsidenten Ronald Reagan sehr belustigt. Sie konnten kein Wort verstehen, und doch krümmten sich die meisten von ihnen vor Lachen.

Aphasiker mögen kein Wort verstehen, aber häufig können sie zur großen Überraschung ihrer Verwandten und Freunde einer Unterhaltung ziemlich gut folgen. Sie hören den Ton der Stimme, die Intonation und Melodie – kurz die Prosodie –, und sie sehen die Gesten des Sprechenden. So ist zu verstehen, was Sacks' Patienten zum Lachen brachte: die Grimassen, die falschen Gesten und die Töne in der Stimme des ehemaligen Schauspielers, der sein Handwerk immer noch gut beherrschte. Diese emotionale Färbung, so meint Oliver Sacks, klang in den Ohren der für Sprachtönung und Gesten so sensiblen Aphasiker einfach falsch.

Intelligenz und Bewusstsein

»Um meine Gefühle besser ausdrücken zu können, will ich noch besser Deutsch lernen«, sagt die kleine Iranerin Rogina. Dabei ist sie gerade mal vier Jahre alt. Der gleichaltrige Fridjof redet gelegentlich von »Ironie« oder »Kritikfähigkeit«, während der sechsjährige Alexander im Philosophiekurs fest überzeugt ist: »Ich fühle mich immer gleich, selbst wenn ich Mädchensachen anziehen würde.«

Sind Rogina, Fridjof und Alexander, die in einen Kindergarten für Hochbegabte gehen, besonders intelligent? Was ist überhaupt Intelligenz? Die Fähigkeit, Fremdwörter zu benutzen? Komplizierte mathematische Gleichungen zu knacken? Oder aber zu erkennen, dass es dem Freund heute besonders schlecht geht? Die Frage nach der Intelligenz spaltet Forscher gleichermaßen wie Laien. Während die einen an gute Schulnoten und akademische Abschlüsse denken, assoziieren die anderen Intelligenz mit gesundem Menschenverstand, Humor und Einfühlungsvermögen.

Ein Blick in die Fachliteratur zeigt, dass sich auch die Experten nicht einig sind. Für die einen ist Intelligenz eine messbare Größe, eine Zahl – der Intelligenzquotient, kurz IQ –, für die anderen gibt es verschiedene Formen der Intelligenz, darunter auch die »intrapersonelle« (also die Person an sich und ihre Eigenschaften betreffend) und die »interpersonelle«, womit die sozialen Fähigkeiten gemeint sind. Vor allem in den USA, wo sowohl Kinder als auch Erwachsene sich immer wieder Intelligenztests unterziehen müssen, streiten Wissenschaftler heftig über Sinn und Unsinn der IQ-Werte.

Ein Blick zurück in die Geschichte der Intelligenzforschung kann teilweise erklären, wie es dazu kam, dass Forscher so unterschiedlicher Meinung sind. Einer der Ersten, der sich Gedanken darüber machte, wie Intelligenz innerhalb einer

Bevölkerungsgruppe variiert, war Francis Galton. Der junge Cousin des berühmten Evolutionsforschers Charles Darwin veröffentlichte 1869 eine Arbeit, mit der er zeigte, dass bestimmte intellektuelle Fähigkeiten immer wieder innerhalb von Familien auftreten. Galton versuchte auch, Intelligenz zu messen, indem er Tests entwarf. Allerdings ging er von der, wie sich später herausstellte, falschen Annahme aus, dass Intelligenz mit der Genauigkeit der Sinne – wie gut jemand hört oder sieht – einhergeht. Erfolgreicher war der französische Psychologe Alfred Binet. Er entwickelte Fragen, um bestimmte Fähigkeiten zu messen, etwa die, Analogieschlüsse zu ziehen oder Formen zu erkennen. Damit kam er den heutigen Intelligenztests ein weiteres Stück näher.

Bereits Ende des 19. Jahrhunderts waren Intelligenztests vor allem in den USA und in angelsächsischen Ländern verbreitet. Der wahre Durchbruch kam jedoch erst nach der Jahrhundertwende, als ein früherer Offizier der britischen Armee, Charles Spearman, 1904 statistische Untersuchungen anstellte. Er fand heraus, dass Menschen, die bei einer Denkaufgabe – zum Beispiel eine geometrische Figur im Kopf drehen, eine Telefonnummer rückwärts aufsagen oder fünf Wörter finden, die alle mit Q anfangen – gut abschneiden, in der Regel auch gute Ergebnisse bei einer anderen Aufgabe erzielen. Nicht nur das: Egal, welche Fähigkeiten gemessen werden, die Ergebnisse für eine Person sind meistens ähnlich gut oder ähnlich schlecht. In der Fachsprache würde man sagen: Sie sind positiv korreliert.

Wenn es diese positive Korrelation gibt, so argumentierte Spearman, dann muss es auch eine gemeinsame Ursache geben, so etwas wie eine »allgemeine« Intelligenz – die Fähigkeit zu denken. Spearman nannte diese allgemeine Intelligenz »g« (für general intelligence). Aus g wurde später der IQ, eine Art Mittelwert aus den Ergebnissen der verschiedenen Aufgaben eines Tests. Dabei nahm man an, dass die intellektuelle Potenz den Menschen insgesamt so zugemessen sei wie die Körpergröße, die der Gauß'schen Glockenkurve folgt. Dem Scheitelpunkt der Kurve wurde der IQ von 100 Punkten zugewiesen und zur Durchschnittsnorm erklärt. Auch heute verfährt man übrigens so, um neue Intelligenztests zu entwerfen – ein aufwändiges Verfahren, denn man muss dafür tausende Menschen testen, um den Bevölkerungsdurchschnitt zu ermitteln. So weit, so gut – doch es dauerte nicht lange, bis Intelligenztests für politische Zwecke missbraucht wurden. Begeistert von der Idee, Menschen durch ihren IQ zu klassifizieren, erließen Politiker einiger US-Bundesstaaten Gesetze, nach denen geistig Zurückgebliebene sterilisiert werden sollten. Unter anderem angeregt durch die Vorschläge eines Professors für Psychologie, dass Immigranten aus Süd- und Osteuropa die mittlere amerikanische Intelligenz nach unten drücken würden, beschloss der Kongress 1924 den »Immigration Restriction Act« – ein Gesetz, das Einwanderer aus Nord- und Mitteleuropa bevorzugte.

Auch heute streiten Wissenschaftler noch über die wahre Natur der Intelligenz, die Bedeutung der Tests und natürlich

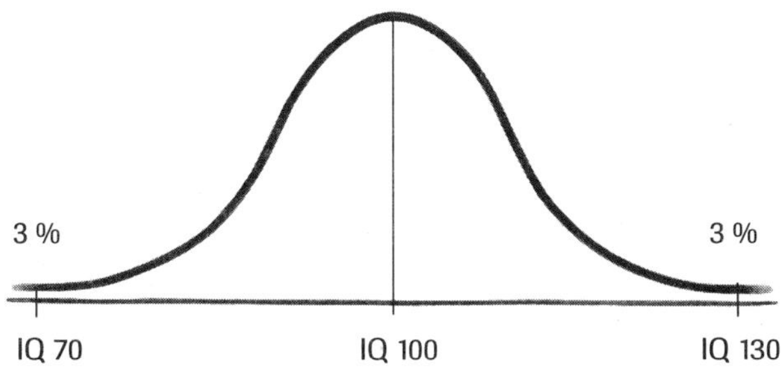

Verteilungskurve der IQ-Punkte

die gesellschaftlichen Folgen. Innerhalb der Forschergemeinde gibt es zwei Extreme: Die Traditionalisten und die Radikalen. Die Traditionalisten sind jene, welche die Tradition Spearmans hochhalten. Sie sind im Wesentlichen davon überzeugt, dass Intelligenz eine messbare Größe ist. Viele unter ihnen glauben allerdings, dass Spearmans g sich aus mehreren Faktoren zusammensetzt: Nach den Studien des amerikanischen Psychologen Thurstone zum Beispiel lassen sich vor allem drei Komponenten ausmachen: eine sprachliche, eine quantitative (die Fähigkeit zu rechnen) sowie eine perzeptuelle (die Fähigkeit, räumliche Muster wahrzunehmen). Andere wiederum beschreiben Intelligenz als Produkt aus über hundert Faktoren. Die Radikalen dagegen halten Intelligenz als zu komplex und abhängig von der Kultur, als dass man sie messen könnte. Sie lehnen die Existenz eines g-Faktors ab. Der prominenteste Vertreter der Radikalen, der amerikanische Psychologe Howard Gardner, hat die Theorie der vielfältigen Intelligenzen entworfen. Er glaubt, dass es sieben an der Zahl gibt, die jeweils voneinander unabhängig sind: die linguistische, die musische, die logisch-mathematische, die räumliche, die körperliche sowie die bereits erwähnte inter- und intrapersonelle Intelligenz. Im Grunde genommen kommen die Radikalen mit ihren Ideen dem nahe, was viele Menschen unter Intelligenz verstehen: eben nicht nur geistige Fähigkeiten, sondern auch gesunder Menschenverstand, eine ausgeglichene Persönlichkeit und soziale Fähigkeiten.

Neue Nahrung hat die Debatte um die Intelligenz auch durch den Bestseller ›EQ – Emotionale Intelligenz‹ von Daniel Goleman erhalten. Er glaubt, dass wir die emotionale Seite unseres Gehirns zugunsten der rationalen vernachlässigen. Nur wenn Gefühle und Denken im Gleichgewicht seien, könne die Emotio die Ratio auf den richtigen Kurs bringen, so Golemans These. Im Privatleben oder im Job würde nur Erfolg haben, wer die Empfindungen von Partnern und Kollegen erkenne.

Selbst wenn Goleman, wie bereits im Abschnitt über Gefühle erwähnt, von einer überholten These der Trennung von Denken und Gefühlen im Gehirn ausgeht, an seinen Überlegungen ist etwas dran. Wer die Gefühle anderer nicht richtig interpretiert, wird sich in sozialen Situationen falsch verhalten. Dann kann er noch so intelligent oder begabt sein – er wird Schwierigkeiten im Leben haben.

Keine Frage – der IQ ist nicht alles. Das belegen auch Untersuchungen von Kindern mit dem so genannten Williams-Beuren-Syndrom, einer seltenen genetisch bedingten Schädigung des Gehirns. Diese Kinder haben häufig einen IQ von nur 50 Punkten. Dennoch können sie wunderbar Geschichten erzählen, singen oder Musikinstrumente spielen.

Trotzdem sind sich die meisten Psychologen einig, dass es so etwas wie Intelligenz gibt und dass man sie messen kann. Viele favorisieren mittlerweile zwei Arten von Intelligenz: die »kristalline« – sie umfasst die Summe der Lebenserfahrung – und die »fluide«: die Fähigkeit, Probleme in neuen Situationen zu lösen. Beide hängen natürlich zusammen, messen kann man freilich nur die fluide. Anders ausgedrückt: Wie gut kann jemand Schlüsse ziehen, Probleme lösen, abstrakt denken und planen? Übrigens sprechen viele Fachleute mittlerweile lieber von »kognitiven Fähigkeiten« als von Intelligenz, weil dieser Begriff nicht mit Ideologie und Erwartungen befrachtet ist.

Akzeptiert man diese Definition der Intelligenz als Problemlösung, dann kann man übrigens auch Ameisen als intelligent bezeichnen. Zu diesem Schluss kommen zumindest die Bielefelder Forscher Holk Cruse und Helge Ritter in ihrem Buch ›Die Entdeckung der Intelligenz oder Können Ameisen denken?‹. Ihnen zufolge sollte ein intelligentes System autonom sein, sein Verhalten also weitgehend selber steuern und seine Aufmerksamkeit auf die Umwelt richten können. Es sollte anpassungsfähig sein, zwischen Alternativen entscheiden und die Erfolge seines Verhaltens beurteilen können.

Kurzum, schreiben Cruse und Ritter, ein System ist intelligent, wenn es in einer gegebenen und sich verändernden Umwelt die Chancen seiner Selbsterhaltung verbessern kann. Ameisen denken zwar nicht wie Menschen, sie erfüllen aber all die genannten Kriterien. Zum Beispiel gehen sie, wenn sie die Wahl haben, immer den Weg, der schnell zur Futterquelle führt. Woher sie das wissen? Ameisen hinterlassen eine Duftspur. Die Tiere wählen den Weg, der am intensivsten riecht (den also die meisten Artgenossen schon benutzt haben), und laufen damit schnurstracks zum Futter.

Zurück zum Menschen. Wenn auch immer wieder die Kritik an Intelligenztests laut wird, viele Forscher sind der Meinung, dass die Tests kognitive Fähigkeiten recht zuverlässig messen. Denn es hat sich herausgestellt, dass die Mehrzahl der Menschen, die bestimmte Aufgaben – Sprache etwa – gut bewältigen, auch bei anderen, zum Beispiel Logik oder Rechnen, gut abschneiden. In den USA, wo die meisten Menschen mindestens einmal in ihrem Leben einen Intelligenztest machen müssen, gilt per Definition ein IQ von 100 Punkten als durchschnittlich. Drei Prozent der US-Bürger erzielen einen IQ von über 130, was als magische Grenze für Hochbegabung gilt, weitere drei Prozent liegen mit einem IQ von unter 70 am unteren Ende der Skala.

Ein IQ-Test umfasst eine ganze Latte von Aufgaben: Viele fordern das räumliche Vorstellungsvermögen – es geht zum Beispiel darum, Papier in Gedanken zu Würfeln zu falten, geometrische Figuren im Kopf zu drehen, Muster zu einem Ganzen zusammenzusetzen. Andere Fragen testen das Verständnis für Zahlen und Logik. Zum Beispiel muss man Rechenaufgaben lösen, bei denen die Ziffern durch Symbole ersetzt sind, oder entscheiden, ob die Behauptung: »Alle Katzen können fliegen. Alle Eimer sind Katzen. Demnach können alle Eimer fliegen«, formal richtig oder falsch ist. Ein weiteres Beispiel: Ergänzen Sie die Zahlenfolge: 10 – 21 – 43 – 87 – …

In anderen Aufgaben muss man sein Sprachverständnis unter Beweis stellen. Zum Beispiel: Unterstreichen Sie das Wort, das nicht zu den anderen passt: Auto – Laster – Bus – Hubschrauber. Verzwickter wird es, wenn man Buchstabensalat entwirren muss: Welches Wort, das sich aus diesen Buchstabenkombinationen ergibt, bezeichnet keinen Beruf? REBKÄC – IERALKV – TAZR – SIDCHEM. Oder: Welcher Wortteil, der an Sino-, Psycho- und Astro- angehängt wird, ergibt bei allen dreien einen Sinn: -phat, -nym, -analyse, -loge?

Geschafft? (Die richtigen Antworten lauten: Ja, 175, Hubschrauber, Klavier, loge). Die nächste, freilich schwierige Frage ist: Was passiert im Gehirn, wenn wir unsere Intelligenz bemühen? Wenn Sie in einem Lehrbuch nachschlagen, zum Beispiel im Standardwerk ›Neurowissenschaften‹, dann kommt das Stichwort Intelligenz gar nicht vor. Das überrascht auch nicht: Die Forscher sind gerade mal so weit, in Bruchstücken zu verstehen, wie Sprache funktioniert. Doch Nervenschaltkreise auszumachen, die uns helfen, Probleme zu lösen, wird in den nächsten Jahren sicher nicht gelingen. Auch aus der Untersuchung von Einsteins Gehirn hat sich keine Gehirntheorie der Intelligenz herausgeschält, einmal abgesehen von der Bestätigung der Vermutung, dass Menschen mit ausgereiften Assoziationsfeldern (die Gebiete, die verschiedene Sinneseindrücke oder sonstige Signale der Gehirnbereiche kombinieren) einen Vorteil in puncto Intelligenz haben. Eine besondere Rolle beim Planen und Handeln scheinen auch die Stirnlappen zu spielen, die gerade beim Menschen stärker ausgeprägt sind als bei seinen nächsten Verwandten aus dem Tierreich.

Ansonsten wissen wir noch nicht einmal, was Denken ausmacht. Mehr Nervenzellen? Mehr Verbindungen zwischen den Nervenzellen? Man weiß es schlichtweg nicht. Die noch vor ein paar Jahrzehnten verbreitete Vorstellung, ein schwereres Gehirn mache Männer intelligenter als Frauen, hat sich als absurd herausgestellt. Auch hat kürzlich die kanadische Expertin für Geschlechtsunterschiede, Sandra Witelson, gezeigt, dass auch leichtere Frauenhirne in manchen Bereichen mehr Nervenzellen enthalten können. In den Schläfenlappen, im Bereich hinter den Augen, zählte sie Nervenzellen von Männern und Frauen, die an Krebs gestorben waren. Letztere, so konstatierte Witelson, haben in einem Volumen von einem Kubikmillimeter, entsprechend der Größe eines Stecknadelkopfes, 5000 Neuronen mehr als Männer. Anders ausgedrückt ist das ein Plus von elf Prozent. Der untersuchte Bereich gehört zu einem Gebiet, das für das Verstehen von Sprache wesentlich ist. Darin sind Frauen in der Regel besser als Männer. Ob das aber den zusätzlichen Nervenzellen zuzurechnen ist, ist nicht klar.

Wenn die Bedeutung des IQs immer wieder den Streit unter den Experten anfacht, dann gilt dies umso mehr für die Frage, ob Intelligenz vererbt wird. Seit jeher ist das Pendel zwischen den Erklärungsmustern Gene einerseits und Umwelt anderseits hin und her geschwungen. Während in den sechziger Jahren die Milieutheorie menschliches Verhalten und Fähigkeiten erklären wollte, ist man heute wieder beim Erbgut angelangt. Allerdings nehmen die meisten Forscher doch eine Sowohl-als-auch-Haltung ein. Zweifellos haben unsere Gene einen Einfluss, aber sie wirken eben nicht im luftleeren Raum.

Deshalb geht es heute mehr um die Frage, welchen Anteil die Gene ausmachen. Forscher wie Robert Plomin vom Londoner Institut für Psychiatrie stützen sich dabei zunächst auf Zwillingsstudien. Genauer gesagt, man vergleicht eineiige Zwillinge – sie stimmen in ihrem Erbgut zu praktisch hundert Prozent überein – mit zweieiigen Zwillingen, die sich nur fünfzig Prozent der Gene teilen. Falls möglich, versucht man auch, eineiige Zwillinge zu finden, die gleich nach der Geburt getrennt und zur Adoption freigegeben wurden. Wenn man sie miteinander oder mit ihren leiblichen Eltern vergleicht, lässt sich der Einfluss der Umwelt besonders gut herausrechnen.

Wenn eineiige Zwillinge auf ihre sprachlichen und räumlich-visuellen Fähigkeiten (zwei wesentliche Aspekte der Intelligenz) getestet werden, dann sind ihre Ergebnisse sehr viel ähnlicher als die zweieiiger Paare. Insgesamt findet Plomin, dass sprachliche Fähigkeiten zu sechzig Prozent vererbt werden, räumlich-visuelle zu fünfzig Prozent. Daraus darf man keinesfalls ableiten, dass der IQ einer bestimmten Person zur Hälfte auf die Gene der Eltern zurückzuführen ist. Gemeint ist nur, dass Gene zu fünfzig Prozent zu der Streuung der Fähigkeiten innerhalb einer Gruppe beitragen. Mittlerweile fahnden die Forscher sogar nach Intelligenzgenen. Allerdings kommt dies der sprichwörtlichen Suche nach der Stecknadel im Heuhaufen gleich, denn vermutlich tragen zu jeder einzelnen kognitiven Fähigkeit hunderte von Abschnitten im Erbgut bei. Anders bei bestimmten Formen der Geistesschwäche, bei der ein einzelnes Gen verheerende Folgen haben kann: Die Krankheit Phenylketonurie etwa ist eine Stoffwechselkrankheit, die zur gefährlichen Ansammlung eines ansonsten harmlosen Eiweißstoffes im Gehirn führt. Schwere geistige Behinderung ist die Folge, eine strenge Diät kann allerdings Gehirnschäden vermeiden. Auch der berüchtigte Veitstanz betrifft Menschen mit einem genetischen Fehler auf dem Chromosom 4; sind sie einmal um die fünfzig, verfallen ihre körperlichen und geistigen Fähigkeiten regelrecht, ohne dass man dagegen etwas tun könnte.

Doch die »guten« Gene sind nicht dieselben wie die »bösen« und, wie gesagt, eine Menge von Genen spielen in komplizierter Weise zusammen, damit das Gehirn denken kann. Fachleute sprechen deshalb schon von »Eigenschaftsorten«, im englischen »Quantitative trait loci«, kurz QTL – was nichts anderes heißt als die Summe aller Stellen im Erbgut, die mit einer gewissen Fähigkeit oder einer Verhaltensweise zusammenhängen. Bisher ist es allerdings nicht gelungen, auch nur ein einzelnes Gen aus einem solchen QTL-Pool zu fischen. Einen kleinen Erfolg vermeldet nun Robert Plomin. Er will eine Stelle (»Marker«) im Erbgut gefunden haben, die besonders häufig bei Kindern mit einem IQ über 130 vorkommt. Die Stelle selbst hat zwar nichts mit Intelligenz zu tun, in der Nähe soll aber ein Gen liegen, das den Berechnungen zufolge für ein Plus von vier IQ-Punkten sorgen könnte.

Selbst wenn man eines Tages wissen sollte, wie Intelligenz im Erbgut festgeschrieben ist, muss man deshalb noch lange nicht das Schicksal eines Menschen in seinem Erbgut lesen wollen. Immerhin spielt die Umwelt mit etwa fünfzig Prozent noch einen großen Einfluss. Anders ausgedrückt: Immerhin die Hälfte der Intelligenz ist bei der Geburt nicht festgelegt. Die Umwelt beeinflusst auch, wie Gene übersetzt werden. Bei der erwähnten Krankheit Phenylketonurie etwa kann eine Diät den negativen Einfluss des Erbgutes außer Kraft setzen. Dass Gene eine Rolle spielen, heißt eben noch lange nicht, dass sie unser Leben festlegen. Dennoch ist das Unbehagen vieler Menschen angesichts der genetischen Erklärungsmuster verständlich, fürchten sie doch zu Recht den Missbrauch der Erbgutdaten. Rassismus und Diskriminierung könnten durchaus eines Tages wieder die Folge einer Überinterpretierung des Einflusses der Gene sein, ebenso wie der Wunsch nach perfekten »Designerbabys«. Robert Plomin dagegen erwartet, dass die positiven Folgen seiner Forschung – etwa die Entwicklung besserer Therapien – die negativen überwiegen werden. Man wird sehen.

Ähnlich kontrovers wie die Frage nach der Intelligenz, wenn auch aus einem anderen Grund, diskutieren Fachleute derzeit das Thema »Bewusstsein«. Schon der Begriff Intelligenz ist schwammig, das Bewusstsein ist noch weniger greifbar. Lange Zeit dachten viele Gehirnforscher auch – beeinflusst durch den Dualismus des französischen Philosophen René Descartes, der glaubte, die kleinen grauen Zellen hätten nichts mit dem Geist zu tun –, dass man das Bewusstsein gar nicht naturwissenschaftlich erforschen könnte. Aber: »Geist ist ein physikalischer Zustand, genauso wie elektromagnetische Wellen«, hat der Bremer Gehirnforscher Gerhard Roth vor ein paar Jahren festgestellt, und mittlerweile suchen viele Wissenschaftler nach dem biologischen Substrat des Bewusstseins. Die Schwierigkeit, dem Bewusstsein eine Hirnregion oder einen Zustand von Nervenzellen zuzuordnen, liegt teilweise darin, dass Bewusstsein ein subjektives Empfinden ist. Was heißt es, sich einer Sache bewusst zu sein? Zu wissen etwa, dass wir es sind, die gerade ein Buch in der Hand halten und es lesen. Bewusstsein hat also etwas mit Ich-Bewusstsein zu tun (ohne dass sich die zwei Begriffe vollständig überlappen), mit der Fähigkeit, sich selbst als eine Person zu sehen. Nur die wenigsten Tiere können dies: Schimpansen und Orang-Utans wischen sich einen roten Fleck von der eigenen Stirn, wenn sie ihn bei ihrem Gegenüber im Spiegel entdeckt haben. Andere Tiere dagegen, selbst Gorillas und Paviane, versagen bei diesem Test.

Weil der Begriff derart mit persönlicher Bedeutung beladen ist, muss man ihn auf spezifische Aspekte beschränken, um ihn naturwissenschaftlich in den Griff zu bekommen, sagt zum Beispiel der Bochumer Gehirnforscher Christoph von der Malsburg. Er beschreibt das folgendermaßen: Das Gehirn besteht aus Einheiten, die verschiedenen Aufgaben nachgehen – Sehen, Gedächtnisinhalte abrufen, Bewegungen steuern, Handlungen planen. Und doch erleben wir nicht ein Nebeneinander, sondern ein Miteinander dieser »Agenten«, wie von der Malsburg sie nennt. Wie schafft das Gehirn es, uns den Eindruck einer Einheit zu vermitteln?

Bewusstsein entsteht, erklärt der Forscher, wenn die Agenten zusammenhängend (»kohärent«) arbeiten. Anders ausgedrückt: Sie wissen voneinander und tauschen Informationen aus. Ein solcher kohärenter Zustand bedeutet auch, dass das Gehirn auf eine bestimmte Situation eingestellt ist und dass seine Teile bereit sind zu reagieren. Stellen Sie sich vor, Sie lenken ein Auto und unterhalten sich mit dem Beifahrer. Der fragt plötzlich, warum Sie so schnell fahren. Sie antworten: »Ich war im Gespräch vertieft.« Ihr Sehsinn war aktiv, ebenso die Sprachzentren. Beide wussten jedoch nichts voneinander. Erst nach der Frage wird Ihnen das bewusst.

Gibt es einen Ort im Gehirn, der uns bewusst sein lässt? Manche Forscher sehen das Arbeits- oder Kurzzeitgedächtnis als Locus des Bewusstseins. Demnach würden alle Zustände des Gehirns – Gefühle oder Wahrnehmungen etwa – bewusst, wenn sie in den Arbeitsspeicher gelangen. Dieser Arbeitsspeicher, der vermutlich im vorderen Bereich der Schläfenlappen liegt, ermöglicht demnach Denkvorgänge höherer Ordnung, weil sich dort abgerufene Erinnerungen und Sinneseindrücke treffen.

Andere Fachleute schreiben dem Thalamus eine spezielle Rolle beim Bewusstsein zu. Der Thalamus ist eine tief im Inneren des Gehirns gelegene Relaisstation, an die alle Sinnesorgane ihre Signale schicken, bevor diese vom Gehirn zu einer Wahrnehmung verarbeitet werden. Vom Thalamus führt auch eine direkte Verbindung zur Amygdala, jenem für die Verarbeitung von Gefühlen wichtigen Zentrum. Ein eindrucksvolles Experiment hat die wichtige Rolle des Thalamus bestätigt: Vor einigen Jahren untersuchten Forscher das Gehirn von Karen Ann Quinlan. Als 18-Jährige hatte sie 1975 versehentlich einen Mix aus Alkohol und Beruhigungsmittel konsumiert und war danach ins Koma gefallen. Ohne künstliche Beatmung lag sie zehn Jahre völlig bewusstlos im Krankenhaus, bevor sie starb. Die genaue Autopsie ihres Gehirns offenbarte: Der Großteil der grauen und weißen Materie war intakt, der Thalamus allerdings stark geschädigt.

Hinweise auf das visuelle Bewusstsein liefern auch »Blindsehende«. Wie im Abschnitt über Sehen beschrieben, handelt es sich dabei um Menschen, die blind sind, aber bestimmte Reize durchaus wahrnehmen können. Wenn sie darum gebeten werden, greifen sie zum Beispiel nach einer Tasse auf dem Tisch, behaupten aber zugleich, die Tasse nicht zu sehen. Mittlerweile vermutet man, dass es neben der Hauptverbindung, die von der Netzhaut über den (bewusstseinsbildenden) Thalamus zum Sehzentrum des Gehirns verläuft, eine Art Umgehungsstraße gibt, die direkt in die höheren Schichten des Sehzentrums führt und die niedrigeren Verarbeitungsstufen umgeht.

Sonderbare Erfahrungen machen auch manche Menschen, die einen Schlaganfall im hinteren, rechten Bereich des Gehirns erlitten haben. Dort liegt eines der Assoziationsfelder des Gehirns, wo verschiedene Sinneseindrücke zusammenlaufen. Solche Menschen nehmen ihre linke Körperhälfte nicht mehr wahr und ignorieren den linken Teil der Außenwelt. Obwohl ihr Tastsinn intakt ist, verleugnen sie ihre linken Arme oder Beine. Das geht sogar so weit, dass sie fragen: »Wer hat mir dieses Bein ins Bett gelegt?« Wenn sie gebeten werden, eine Uhr zu zeichnen, fehlt die linke Hälfte des Ziffernblattes. Ganz klar geht ihnen das Bewusstsein für die linke Hälfte der Welt ab.

Schöne neue Welt

Reise ins Innere des Gehirns

Fast eine halbe Billion Nervenzellen umfasst das Gehirn, verbunden durch Fasern, die über hundert Billionen Synapsen miteinander verknüpft sind. Um die fünfzig chemische Botenstoffe sorgen für die Weiterleitung elektrischer Signale: eine fein abgestimmte Maschinerie mit unzähligen Rädchen, Schrauben und Muttern. Was die unglaubliche Leistung des Gehirns ausmacht, kann zugleich zur Bedrohung werden. Nervenzellen sterben, weil sie nicht mehr mit Blut versorgt werden, Nervenfasern verlieren ihre Fähigkeit, Reize zu leiten, chemische Botenstoffe und damit auch die Synapsen versagen ihren Dienst – auch das Gehirn kann, wie andere Körperteile, krank werden.

Die vergangenen fünfzig Jahre haben etwas Licht in die dunkle Seite des Gehirns gebracht. Die Welt der Geisteskranken ist weit weniger trostlos, als sie es noch in der ersten Hälfte des Jahrhunderts war. Das ist nicht zuletzt den Medikamenten zuzuschreiben, den Antidepressiva und Neuroleptika, die es vielen Depressiven und Schizophrenen ermöglichen, ein halbwegs normales Leben außerhalb einer psychiatrischen Anstalt zu führen. Auch die vielfältigen Formen von Psychotherapie helfen den Betroffenen, die Besonderheiten ihrer Seele zu verstehen und besser damit umzugehen.

In den letzten Jahren setzen Forscher zunehmend Hoffnungen in verfeinerte bildgebende Verfahren, die einen Blick ins Innere des Gehirns erlauben: Die Positronen-Emissions-Tomografie, kurz PET, ermöglicht es, die Spur chemischer Botenstoffe im Gehirn zu sehen: zum Beispiel im Fall von Parkinson-Patienten, deren Nervenzellen nicht mehr ausreichend Dopamin produzieren. Mit PET lässt sich auch beobachten, wo das Gehirn besonders viel Sauerstoff verbraucht – eine wichtige Information, um zu erkennen, wie sich etwa nach einem Schlaganfall Hirnbereiche neu ordnen. Die Kernspintomografie macht Änderungen in Hirnstrukturen sehr genau sichtbar und kann damit selbst kleine Tumore aufspüren. Ein Elektroenzephalogramm (EEG), das Hirnströme mittels feiner Elektroden an der Schädeloberfläche abgreift, kann – kombiniert mit PET – ungewöhnliche Aktivitätszentren des Gehirns ausmachen. Solche Epilepsieherde führen zu unkontrollierten Bewegungen und sogar zu Bewusstseinsverlust. Wenn man sie genau eingrenzen kann, lässt sich besser entscheiden, ob eine Operation nötig ist.

»Ich war besessen von meinen religiösen Gefühlen, die alles andere aus meinem Kopf verdrängten. Die Wirklichkeit hatte mich verlassen, und ich stellte mir vor, dass das Ende der Welt gekommen sei ... Um drei Uhr morgens nahm ich eine kalte Dusche und begann lauthals Kirchenlieder zu singen. Danach lief ich nackt durch den Hausflur zu meinem Zimmer, zog mich an und packte eine Bibel ein – die Zeit war gekommen, um meinen Bruder zu besuchen ...«, beschreibt eine 22-jährige Frau ihre Gefühle. Vor hundert Jahren noch hätte man sie als verrückt diagnostiziert und sie vermutlich in eine psychiatrische Anstalt gesperrt. Dass diese Frau heute, wie sie selbst beschreibt, ein »normales Leben als Bibliothekarin in einer Stadtbücherei führt«, ist einer der großen Erfolge der Medizin. Die Betroffene, deren Krankheitsgeschichte unter dem Namen »Anonym« in einer Fachzeitschrift erschien, ist schizophren. Schizophren heißt so viel wie gespaltener Geist – ein Ausdruck, den der Schweizer Psychiater Eugen Bleuler Anfang des Jahrhunderts prägte. Er vermutete, dass die Betroffenen unter einer Spaltung ihrer emotionalen und

PET und Kernspin

Die Positronen-Emissions-Tomographie, kurz PET, liefert ein Aktivitätsmuster des Gehirns, indem sie Zellen sichtbar macht, die besonders hart arbeiten. Der Patient bekommt zunächst radioaktive Zuckermoleküle ins Blut gespritzt, die sich dort ansammeln, wo das Gehirn Sauerstoff verbraucht. Anschließend wird der Kopf in einen Ring gesteckt. Daran sind Gamma-Detektoren befestigt, die besonders energiereiche, unsichtbare Lichtquanten messen. Wenn der radioaktive Zucker zerfällt, entsteht ein Positron, das positive Gegenstück zum negativ geladenen Elektron. Positrone leben allerdings nicht lange. Es vergehen nur Bruchteile von Sekunden, bis sie auf ein Elektron treffen. Die beiden verschmelzen zu zwei Lichtquanten, die in entgegengesetzte Richtungen davonfliegen. Sie werden von den Detektoren, die am Ring montiert sind, eingefangen. Die Detektoren signalisieren also, wo sich die radioaktiven Zuckermoleküle und damit die besonders aktiven Nervenzellen befinden. Ein Computer setzt schließlich die Signale zu einem Schnittbild des Gehirns zusammen.

Die Kernspintomografie liefert, ebenso wie PET, das Bild eines Gehirnschnittes. Allerdings ist dieses Bild statisch, es zeigt also nicht die Aktivität, sondern nur die Struktur des Gehirns. Dafür kann man mittels Kernspin Details von einem

geistigen Fähigkeiten leiden. Mittlerweile sind Psychiater allerdings der Ansicht, dass Schizophrenie weniger eine einheitliche Krankheit ist als vielmehr eine Vielfalt von Symptomen.

Betroffene fühlen sich beobachtet, ja sogar verfolgt. Sie hören Stimmen, die vom Himmel kommen oder von ihrer verstorbenen Großmutter. Sie erreichen oft früher oder später den

Zehntel Millimeter erkennen, während die Größenordnung bei PET bei einigen Millimetern liegt. Das neuere Verfahren der funktionellen Kernspintomografie kann sogar Aktivitätsmuster aufzeichnen. Diese Technik beruht auf einem physikalischen Effekt. Die Kerne von Wasserstoffatomen verhalten sich nämlich wie kleine Kompassnadeln. In einem starken Magnetfeld stellen sie sich alle parallel und kreisen um die eigene Achse. Der Trick des Verfahrens besteht nun darin, dass man mit Radiowellen diese Bewegung stören kann. Die Atomkerne kippen dann in eine andere Richtung. Nach Abschalten der Radiowellen schwenken sie wieder zurück, und die Kompassnadeln zeigen in die ursprüngliche Richtung. Dabei senden sie ihrerseits ebenfalls Radiowellen aus. Das Verfahren funktioniert auch im Fall des Gehirns, weil dieses zu etwa 75 Prozent aus Wasser (und damit auch aus Wasserstoff) besteht. Dabei enthalten manche Gewebe mehr Wasser, andere weniger. Diese Unterschiede treten auf der Kernspin-Aufnahme deutlich hervor, und der Aufbau des Gehirns wird sichtbar. In der Praxis heißt das: Der Patient wird in eine Art Röhre geschoben, so dass sein Kopf von einem Magnetfeld umgeben ist. Während der Aufnahme verändern sich Magnetfeld und die Radiowellen, die auf das Gehirn einwirken. Aus den Signalen, die aus dem Kopf zurückkommen, kann ein Computer ein Schnittbild des Gehirns rekonstruieren.

Punkt, an dem sie glauben, nicht mehr Herr ihrer Gedanken und Gefühle, sondern nur eine Marionette zu sein. Manche Schizophrene sprechen kaum mehr, ziehen sich zurück, zeigen keine Gefühle und können keinen klaren Gedanken fassen.

Schizophrenie ist vermutlich teilweise erblich bedingt. Normalerweise findet sich weltweit unter hundert Menschen eine Person, die an Schizophrenie leidet, dagegen trifft das Leiden die Kinder oder Geschwister von Schizophrenen mit einer Häufigkeit von etwa zehn Prozent, das heißt, für sie ist es zehnmal wahrscheinlicher, dass sie erkranken, als für Altersgenossen, die keine schizophrenen Verwandten haben. Vor einigen Jahren wurde es als Sensation gefeiert, dass amerikanische Forscher bei zahlreichen Mitgliedern von mehreren britischen und isländischen Familien mit einem hohen Anteil von Schizophrenen eine genetische Anomalie auf dem Chromosom 5 gefunden hatten. Doch neue Studien konnten dieses Ergebnis nicht bestätigen, und mittlerweile suchen Wissenschaftler fleißig auf anderen Chromosomen nach einem oder mehreren möglichen Gendefekten.

Vererbung ist, wie bei so vielen anderen Krankheiten auch, sicher nicht die ganze Geschichte. Umwelteinflüsse, seien es schlechte Bedingungen bei der Geburt oder psychische Belastungen, spielen auch eine Rolle. Zum Beispiel sind unter den adoptierten Kindern mit schizophrenen Verwandten jene, die in einer Familie mit Problemen aufwachsen, eher gefährdet als solche, deren Umgebung günstig ist. Wissenschaftler gehen einer Reihe weiterer biologischer Ursachen nach – Grippeviren oder Geburtsschäden, um nur zwei zu nennen. Keine davon konnte bislang bewiesen werden. Diskutiert werden auch Entwicklungsstörungen des Gehirns. Tatsächlich sind später an Schizophrenie Erkrankte in ihrer Kindheit auffällig: sowohl was ihr Verhalten, ihre Gefühle als auch ihre Motorik betrifft. Solche frühkindlichen Störungen alleine können die Krankheit freilich nicht erklären, ebenso wenig wie psychische Belastungen. Sie können zum Ausbruch der Krankheit beitragen, aber vermutlich sind sie nie die alleinige Ursache.

Doch es gibt Hinweise darauf, dass in den Gehirnen von Schizophrenen die komplizierte Maschinerie chemischer Botenstoffe gestört ist, und dass darüber hinaus Schäden im Nervengewebe auftreten. Wie im wahren Leben spielt auch in der Forschung der Zufall eine große Rolle. Als der französische Chirurg Henri Laborit in den fünfziger Jahren nach einem muskelentspannenden Medikament suchte, konnte er nicht ahnen, welchen Stein er ins Rollen bringen würde. Die Substanz, die er entdeckte, machte nicht nur die Muskeln weicher, sondern verringerte auch die Angst seiner Patienten vor der Operation. Laborit erkannte die Bedeutung seiner Entdeckung und arbeitete daraufhin mit Psychiatern zusammen, um ein Mittel gegen die Symptome der Schizophrenie zu entwickeln. Chlorpromazin war eines der ersten Neuroleptika – Substanzen, die gegen Angst, Verwirrtheit, Wahnideen und Sinnestäuschungen wirken.

Erst durch die Beobachtung, wie gut Chlorpromazin den Kranken hilft, dämmerte es den Wissenschaftlern, dass etwas mit der Chemie im Gehirn von Schizophrenen nicht stimmt. Nach Jahrzehnten der Forschung glauben sie mittlerweile zu wissen, was aus dem Takt geraten ist. Es scheint, als ob Chlorpromazin und andere Neuroleptika wirken, indem sie die Rezeptoren für den chemischen Botenstoff Dopamin besetzen. Neuroleptika funktionieren dabei so ähnlich wie Schlüssel, die man in ein Schloss steckt, um zu verhindern, dass jemand die Türe aufsperrt. Wenn die Medikamente helfen, indem sie die Arbeit von Dopamin behindern, dann, so folgerte man, leiden Schizophrene darunter, dass der Botenstoff in ihrem Gehirn überaktiv ist.

Eine Bestätigung für diese »Dopamin-Hypothese« sieht man auch an den Nebenwirkungen der Neuroleptika. Schon bei geringer Dosierung verlieren manche Patienten die Kontrolle über ihre Bewegungen: Sie laufen mit kleinen Schritten und einer leicht vorgebeugten Haltung, ihre Arme hängen dabei herunter. Ihr Gesicht ist ausdruckslos oder aber verzerrt, kurzum, sie zeigen typische Parkinson-Symptome. Parkinson ist eine Krankheit, die auf einem Mangel an Dopamin beruht, weil ein bestimmter Kern von Dopamin-produzierenden Nervenzellen im Gehirn zerstört ist. Um den Dopamin-Spiegel zu erhöhen, spritzt man den Patienten L-Dopa, einen chemischen Vorläufer des Botenstoffs. Umgekehrt kann zu viel L-Dopa bei Parkinson-Kranken auditorische Halluzinationen und Wahnvorstellungen auslösen – auch ein Beweis dafür, dass eine Überaktivität von Dopamin die Symptome der Schizophrenie hervorruft.

Doch die Dopamin-Hypothese ist vermutlich wieder nur die halbe Wahrheit, ganz abgesehen davon, dass sie weder erklärt, wie die Halluzinationen zustande kommen, noch warum nun der chemische Botenstoff überaktiv ist. Zu denken gibt den Forschern, dass Neuroleptika innerhalb weniger Minuten die Dopamin-Rezeptoren blockieren, die Schizophrenie-Symptome jedoch erst nach einigen Tagen oder sogar Wochen verschwinden. Umgekehrt dauert es nach Absetzen der Medikamente drei bis sechs Monate, bis die Symptome wieder auftauchen. Hinzu kommt, dass es neben Chlorpromazin andere Neuroleptika gibt, die sich nicht an den Dopamin-Rezeptor heften, sondern an andere Empfängermoleküle. Vermutlich können also weitere Botenstoffe im Gehirn von Schizophrenen durcheinander geraten sein, und allem Anschein nach gibt es eine bislang wenig verstandene Langzeitwirkung der Medikamente.

Doch selbst wenn Medikamente das Leben für Schizophrene erträglicher machen, sie heilen die Kranken nicht wirklich. Das liegt vermutlich daran, dass die Betroffenen nicht nur an einer chemischen Störung leiden. Auch ihre Gehirnstruktur scheint in Mitleidenschaft gezogen zu sein. So zeigen sich auf den Kernspintomogrammen der Gehirne von Gesunden und Schizophrenen deutliche Unterschiede. Bei Letzteren sind bestimmte Ventrikel – mit Flüssigkeit gefüllte Hohlräume – größer als normal. Gleichzeitig ist das Volumen, welches das Nervengewebe einnimmt, kleiner. Ob das eine Folge oder eine Ursache der Krankheit ist, weiß niemand.

Möglicherweise haben sich die Ventrikel ausgedehnt, weil das umliegende Nervengewebe geschädigt war. Genauso gut könnte es jedoch auch andersherum geschehen sein.

Was das geschrumpfte Nervengewebe und die vergrößerten Ventrikel bedeuten, ist schwer zu sagen, zumal etliche Schizophrene keine derartigen Veränderungen aufweisen. Aufregend ist eine weitere Entdeckung, welche die amerikanische Wissenschaftlerin Nancy Andreasen gemeinsam mit ihren Kollegen von der Universität von Iowa machte. Mit Hilfe einer raffinierten Computerauswertung verglichen sie die Kernspin-Tomogramme gesunder und »schizophrener« Gehirne. Demnach zeigen sich erhebliche Unterschiede im Thalamus, der bei Schizophrenen an einer Stelle geschrumpft zu sein scheint. Außerdem sehen die Nervenfasern an dieser Stelle aus, als ob sie geschädigt oder verkümmert wären. Dieser Befund ist deshalb aufregend, weil der Thalamus eine sehr wichtige Rolle im Gehirn einnimmt. Als eine Art Relaisstation empfängt er Informationen von allen Sinnesorganen und leitet sie weiter an die Hirnrinde, wo sie verarbeitet werden. Der Thalamus ist vermutlich an der Aufmerksamkeit und am Bewusstsein beteiligt, und zu ihm gelangen Informationen aus dem limbischen System, das Gefühle verarbeitet. Außerdem steht er in Verbindung mit dem präfrontalen Cortex, eine Art Arbeitsspeicher des Gehirns, der Handlungen plant und abstrakt denkt: Fähigkeiten, die Schizophrenen große Mühe bereiten.

Ein defekter Thalamus könnte deshalb viele der Schizophrenie-Symptome erklären. Falls in der Relaisstation Nervenzellen abgestorben sind oder Fasern durcheinander geraten, kann es sein, dass Reize nicht mehr gefiltert und bewertet werden und dass die Aufmerksamkeit nachlässt. Eine Person, deren Thalamus geschädigt ist, würde mit Informationen überschüttet und von Reizen überwältigt. Sie könnte infolge davon, so spekulieren Nancy Andreasen und ihre Kollegen, unter Halluzinationen und Täuschungen leiden. Ihre Gedanken und Gefühle wären nicht mehr verknüpft, kurzum, sie würde typische Symptome einer Schizophrenie zeigen.

Dass an dieser Vorstellung etwas dran ist, belegen Experimente des Züricher Psychiaters Franz Vollenweider. Er gab freiwilligen Versuchspersonen chemische Substanzen, die Halluzinationen hervorrufen, und fand mit Hilfe von PET heraus, dass der Schaltkreis, der Sinnesreize über den Thalamus zur Hirnrinde leitet, während der Halluzinationen gestört ist. Anstatt dass Reize selektiv wahrgenommen und bewertet werden, ist das Gehirn einer wahren Informationsflut ausgesetzt. Die Wahrnehmungen werden nicht richtig eingeordnet, das Gehirn empfindet die Welt als zusammenhanglose abgespaltene Bilder – kurzum als schizophren.

Schizophrene beanspruchen die Nervenzellen in ihren Stirnlappen deutlich weniger als Gesunde, wie zahlreiche PET-Studien gezeigt haben. Insbesondere hat das Team um Daniel Weinberger vom National Institute of Mental Health in Washington D.C. mittels PET den Gehirnen bei einer Aufgabe zugeschaut, die Gedächtnis und abstraktes Denkvermögen verlangt. Die Aufgabe besteht darin, dass man Karten mit verschiedenen Farben oder Symbolen nach unterschiedlichen Kriterien sortieren soll. Bei der ersten Runde, bei der man zum Beispiel alle Karten mit derselben Farbe auswählen muss, schneiden Schizophrene ganz gut ab. Werden sie jedoch in der zweiten Runde gebeten, die Karten nach Zahlen zu sortieren, bleiben sie bei ihrem alten Schema und versagen kläglich. Auf dem entsprechenden PET erscheint ihr Stirnlappen weniger aktiv als der von Gesunden, deren Nervenzellen beim Test besonders viel Sauerstoff verbrauchen. Bei den Schizophrenen dagegen erscheint es, als ob ihr Gehirn überfordert wäre – es antwortet, indem es einfach seine Aktivität drosselt. Mittlerweile vermuten Forscher sogar, dass die Psychosen, unter denen Schizophrene leiden, nur sekundäre Symptome sind – eine Art Fieber des Gehirns. Weil das Gehirn Reize nicht richtig verarbeitet und deshalb nicht klar denken kann, reagiert es mit Halluzinationen.

Wenn Wissenschaftler schon eine verwirrende Vielfalt von Auslösern für die Schizophrenie nennen, dann gilt das umso mehr für Depressionen. Gene, Viren, traumatisierende Erlebnisse in der Kindheit könnten eine Rolle spielen, doch welche, ist unklar. Allerdings scheint in jedem Fall das chemische Gleichgewicht der Botenstoffe im Gehirn gestört zu sein, weshalb Depressive heutzutage meist sowohl Medikamente nehmen als auch eine Psychotherapie machen. Oft reicht bei einer schweren Depression eine Psychotherapie auch nicht aus, um den Betroffenen aus seinem geistigen »Loch« herauszuholen. Forscher versuchen jetzt vor allem herauszufinden, welche typischen chemischen Störungen auftreten, um Patienten gezielter mit Medikamenten versorgen zu können, denn noch gehen die Ärzte eher nach dem Prinzip von Versuch und Irrtum vor, wenn sie Betroffenen Arzneien verschreiben. Es kann deshalb manchmal Monate dauern, bis das richtige Medikament gefunden ist. Zu lange für manche Patienten, die in ihrer Verzweiflung Selbstmord begehen. Immerhin setzen 15 Prozent aller Depressiven ihrem Leben ein Ende.

Zwischen fünf und zwölf Prozent aller Männer, so schätzt man in den USA, werden irgendwann in ihrem Leben eine stärkere depressive Phase erleben, Frauen sind fast doppelt so häufig betroffen. Die Hälfte von ihnen erleben Depressionen mehrmals, und ein gutes Prozent aller US-Bürger erfährt dabei manische Phasen, in denen die Kranken wenig schlafen, sehr viel reden, in übertrieben euphorischer Stimmung sind und sich häufig in völlig unrealistische Projekte stürzen. Die Arbeit Manisch-Depressiver kann aber zuweilen fruchtbar sein: Händel soll seinen ›Messias‹ während einer manischen Episode komponiert haben. Auch Robert Schumann, Virginia Woolf und Oliver Cromwell waren manisch-depressiv. Ähnlich wie bei der Schizophrenie hat man die ersten Mittel gegen Depressionen durch Zufall entdeckt. Ende der vierziger Jahre beobachteten einige Ärzte, dass ein Mittel gegen Tuberkulose die Stimmung ihrer Patienten verbesserte. Forscher fanden einige Zeit später heraus, dass eine chemisch verwandte Substanz des Tuberkulose-Medikaments, Iproniazid, die Symptome von Depression reduziert, indem es die Wirkung eines bestimmten Enzyms hemmt. Dieses Enzym heißt Monoaminoxydase. Wie sein Name bereits sagt, zersetzt es chemische Botenstoffe, die Monoamine. Zu den Monoaminen gehören Dopamin, das bei Schizophrenen überaktiv ist, sowie Noradrenalin und Serotonin. Das entdeckte Medikament hemmt also die Zersetzung dieser Neurotransmitter. Anders ausgedrückt: Es erhöht die Menge der chemischen Botenstoffe im Gehirn. Mittlerweile gibt es eine ganze Klasse solcher Medikamente, die in der Fachsprache Monoaminoxydase-Hemmer heißen. Was sich zunächst nur durch die Wirkung dieser MAO-Hemmer andeutete, hat sich mittlerweile durch viele Beobachtungen bestätigt: Depressive haben zu wenig Noradrenalin und Serotonin im Gehirn. Zur Erinnerung: Botenstoffe bewirken, dass elektrische Signale von einer Zelle zur anderen wandern können. Doch wenn nicht ausreichende Mengen der chemischen Substanzen an den Kontaktstellen vorhanden sind (weil sie etwa von der Monoaminoxydase zersetzt werden), dann funktioniert die Weiterleitung nicht richtig. Parallel dazu findet eine Art Recycling in der Synapse statt: »Verbrauchte« Botenstoffe werden von der Empfangszelle wieder freigegeben und an die Sendezelle zurückgepumpt. Wenn diese Sendezelle durch eine Störung zu viele Moleküle wiederaufnimmt, dann fehlen die Botenstoffe in der Synapse.

Tatsächlich finden sich im Blut von Depressiven weniger Abbausubstanzen von Noradrenalin, die Konzentration des Botenstoffes im Gehirn ist geringer als gewöhnlich. Außerdem hat man in den Gehirnen von depressiven Menschen, die sich umgebracht haben, sehr viele Noradrenalin-Rezeptoren gefunden. Das sind jene Moleküle, an die sich der Botenstoff heftet, um überhaupt wirken zu können. Der amerikanische Forscher Charles Nemeroff vermutet dahinter eine Art Überreaktion der Nervenzellen. Die Neuronen merken, dass zu wenig Noradrenalin vorhanden ist, und bilden daraufhin mehr Rezeptoren, um auch noch das kleinste chemische Signal aufzufangen. Serotonin ist der andere Botenstoff, der bei Depressiven von der Norm abweicht: Es befindet sich zu wenig davon im Gehirn. Medikamente wie Fluctin, das seit Ende der achtziger Jahre auf dem Markt ist, haben die Behandlung von Depressionen sehr verbessert. Sie verhindern nämlich gezielt, dass Serotonin von den Zellen wiederaufgenommen wird und aus der Synapse verschwindet. Noch neuere Arzneien unterbinden die Wiederaufnahme sowohl von Serotonin und Noradrenalin durch die Zellen.

Bei einer Depression sind im Orchester der chemischen Substanzen nicht nur die Neurotransmitter durcheinander geraten, sondern auch die Hormone. Das ist auch nicht verwunderlich, denn die Botenstoffe Noradrenalin und Serotonin, an denen es Depressiven mangelt, sind maßgeblich an der Ausschüttung von Hormonen beteiligt. Cortisol ist ein Hormon, das auf Befehl des Hypothalamus in der Nebenniere produziert wird, vor allem dann, wenn der Körper unter Stress steht. Viele Depressive haben immer erhöhte Mengen an Cortisol im Blut. Man vermutet deshalb, dass es eine Störung in dem Stress-System des Körpers gibt, das aus der hormonellen Schaltzentrale, dem Hypothalamus, sowie der Hypophyse (einer weiteren wichtigen Hormondrüse im Gehirn) und der Nebenniere besteht. In diesem Regelwerk herrscht ein empfindliches Gleichgewicht von elektrischen Signalen der Nervenzellen, von Hormonkonzentration sowie Abwehrmechanismen des Körpers. Vermutlich ist bei einer Depression das Zusammenspiel gestört. Unser Stresssystem bestimmt auch, wie aufmerksam wir gerade sind, und es beeinflusst unsere Gefühle. Es ist ebenfalls daran beteiligt, Informationen zu verarbeiten und zu analysieren. All diese Funktionen sind bei Depressiven gestört. Als Folge davon sind sie traurig, haben Schwierigkeiten, sich zu konzentrieren und werden unfähig, Entscheidungen zu treffen.

Mit Hilfe der Kernspintomografie hat man herausgefunden, dass bei depressiven Frauen der Hippocampus kleiner ist als bei gesunden. Der Hippocampus gehört zum limbischen System, das Gefühle verarbeitet, und er ist insbesondere für das Speichern und Abrufen von Erinnerungen zuständig. Möglicherweise führt die Überdosis des Stresshormons Cortisol dazu, dass der Hippocampus schrumpft. Tatsächlich weiß man aus Tierversuchen, dass Ratten unter Stress sich Aufgaben nicht mehr einprägen können. Außerdem lässt der Stress die Verzweigungen von Nervenzellen im Hippocampus schrumpfen, die Zellen selbst beginnen zu verkümmern.

PET-Aufnahmen der Gehirne von Depressiven zeigen ungewöhnliche Aktivitätsmuster sowohl im limbischen System als auch in der Hirnrinde. Auffälligerweise ist bei manchen Menschen besonders die Amygdala häufig aktiv, ein wichtiges Zentrum für die Verarbeitung von Angst. Dabei handelt es sich vor allem um jene Personen, die anfällig für Depressionen sind.

Neuerdings haben Forscher Substanzen entwickelt, die sich an die Serotonin-Rezeptoren oder an jene Moleküle binden, die den Botenstoff wieder zurückpumpen. Damit hat man jetzt die Möglichkeit, den Serotonin-Kreislauf sehr genau zu verfolgen. Auf der PET-Aufnahme werden nämlich genau diese Substanzen als helle Flecken sichtbar. Damit lassen sich jene Bereiche des Gehirns aufspüren, in denen der Serotonin-Stoffwechsel gestört ist. Forscher arbeiten auf Hochtouren an einer solchen PET-Diagnose für Depressive. Denn je massiver der Serotonin-Kreislauf gestört ist, umso höher ist auch das Risiko, dass die Betroffenen Selbstmord begehen – selbst wenn sie Medikamente nehmen. Indem man schnell und zuverlässig die biochemische Störung im Gehirn aufspürt, könnte man den Patienten besser helfen.

Eine Brille für Blinde

Bei dem Wort Prothese denken die meisten Menschen wohl an Zahnersatz, vielleicht noch an das Holzbein eines Kriegsverletzten. Doch so, wie Zähne ausfallen können, oder ein Bein amputiert werden muss, versagen Sinnesorgane zuweilen ihren Dienst. Oder aber ein Unfall durchtrennt das Rückenmark – Querschnittslähmung ist die Folge. Gehirnforscher geben sich nicht damit zufrieden, dass die Betroffenen blind, taub oder gelähmt sind. Sie suchen nach elektronischen Krücken.

Am fortgeschrittensten sind Implantate für das Ohr. Töne wandern normalerweise als Schallwellen durch den äußeren Ohrkanal in Richtung Trommelfell. Das ist eine Membran, die das Ohr vor allzu lauten Geräuschen schützt: Mit Hilfe eines Muskels verändert die Membran ihre Spannung und kontrolliert dadurch, wie viel Schall in den mittleren Teil des Ohrs gelangt. Von dort wird die Luftschwingung über Knöchelchen in das Innere der Schnecke übertragen. Sie ist der wichtigste Teil des Ohrs: Dort werden mittels sehr feiner Härchen, die an der Spitze von Haarzellen sitzen, die Schallwellen in elektrische Signale umgewandelt und über den Hörnerv ins Gehirn weitergeleitet. 20 000 bis 30 000 solcher Haarzellen bilden einen dichten Teppich in der Schnecke. Sie sind auf verschiedene Frequenzen spezialisiert und können so jeden Ton zwischen 20 und 20 000 Hertz entschlüsseln.

Im Alter wird man bekanntermaßen schwerhörig. Das liegt daran, dass die Haarzellen sich abnutzen, ähnlich wie ein Fußabstreifer, über den sehr viele Füße laufen. Meist hilft ein Hörgerät, das die Schallwellen verstärkt. Doch auch in jüngeren Jahren können Menschen taub werden. Gefäßinfarkte, Gifte, Entzündungen oder auch genetische Defekte führen bisweilen dazu, dass die Härchen oder Haarzellen einen Schaden davontragen und sie Schallreize nicht mehr in elektrische Signale für das Gehirn umsetzen.

In den letzten Jahren haben zahlreiche Wissenschaftler daran gearbeitet, Tauben, deren Schnecke nicht richtig arbeitet, mit einer »Ersatz-Schnecke« zu helfen. Solange nämlich der Hörnerv intakt bleibt und das Hörzentrum im Gehirn nicht geschädigt ist, kann man die Enden des Nervs im Bereich der Schnecke elektrisch reizen und die Signale aus dem Ohr gelangen ins Gehirn. Dieses so genannte Cochlea-Implantat (Cochlea ist der lateinische Ausdruck für Schnecke) besteht aus mehreren Teilen: einem elektronischen Sprachprozessor, der Schallsignale auffängt, analysiert und in Frequenzen zerlegt – ähnlich wie dies auch im Ohr geschieht. Diese Frequenzen werden kabellos zum Innenohr übertragen. Dort sitzt das eigentliche Implantat, eine Kapsel mit einem speziellen Mikrochip, der die Signale empfängt und dekodiert, das heißt in elektrische Reize umwandelt. Mikroelektroden, die an verschiedenen Stellen der Schnecke implantiert sind, nehmen diese Reize auf. Sie erfüllen den Job der Haarzellen: Jede winzige Elektrode ist für einen Frequenzbereich zuständig, abhängig davon, an welcher Stelle der Schnecke sie sitzt. Von den Mikroelektroden gelangen die Signale über den Hörnerv zum Gehirn.

Derzeit können Experten etwa zwanzig Mikroelektroden ins Ohr einpflanzen. Verglichen mit den fast 30 000 Haarzellen bedeutet das freilich eine sehr grobe Reizung. Das ähnelt der Aufgabe, aus ein Paar Stücken eines Tausend-Teile-Puzzles zu erraten, um welches Motiv es sich dabei handelt. Sogar die Fachleute wundern sich teilweise, welche Erfolge sie trotzdem mit dem Implantat erzielen. Schätzungsweise 40 000 Patienten weltweit hat man mittlerweile mit einer künstlichen Schnecke zum Hören verholfen. Erwachsene können mit dem Implantat wieder telefonieren, Kinder dem Unterricht in einem Klassenzimmer folgen. Wie auch bei der Behandlung von Sehstörungen gilt der Grundsatz »Je früher, umso besser«. Denn gleich nach der Geburt ist das Gehirn besonders anpassungsfähig. Deshalb profitieren vor allem Kinder, denen man früh genug Elektroden implantiert hat, von der Therapie. Ein großer Teil des Erfolgs hängt allerdings auch vom Willen der Betroffenen ab. Sie müssen nach dem Einbau des Cochlea-Implantats erst lernen, aus den Tönen, die für sie zunächst völlig ungewohnt klingen, etwas herauszuhören.

Nachdem sie bewiesen haben, dass Cochlea-Implantate funktionieren, arbeiten Fachleute jetzt daran, sie zu perfektionieren. Sie experimentieren mit besseren Elektroden und Sprachprozessoren, um den teilweise noch blechernen Klang zu verfeinern. Neuerdings besteht Hoffnung sogar für Patienten, deren Hörnerv beispielsweise von einem Tumor zerstört wurde. In diesem Fall setzen Mediziner das Implantat mit den Elektroden nicht in die Schnecke ein (das wäre wirkungslos), sondern versuchen, bis in den Hirnstamm vorzudringen. Dort sitzt eine der Schaltstationen, die ein akustisches Signal auf seinem Weg zu den Hörzentren durchläuft. Bislang hat man diese Hirnregion mit einem Feld von Elektroden an der Oberfläche gereizt. Die Erfolge der Behandlung, die bei etwa 200 Patienten vorgenommen wurde, sind allerdings weit weniger spektakulär als bei der künstlichen Schnecke – die Patienten können meist Töne nicht unterscheiden. Das liegt an der Organisation von Nervenzellen in diesem Hirnareal. Deshalb versucht man inzwischen, mit den Elektroden tiefer in diesen Bereich vorzudringen, um genügend viele Neuronen zu reizen. Über ein Jahrzehnt hat man Versuche mit Tieren gemacht, kürzlich hat die Gesundheitsbehörde in den USA klinische Studien genehmigt.

Noch nicht ganz so weit wie »künstliche Ohren« sind Sehprothesen. Mehrere Forschergruppen auf der Welt haben sich das ehrgeizige Ziel gesteckt, Blinden zu helfen, deren Netzhaut beschädigt ist. Krankheiten, welche die Netzhaut zerstören, sind in Industrieländern die häufigste Ursache für Blindheit. Das kann eine altersbedingte Degeneration des zentralen Bereichs der Netzhaut sein oder auch das erbliche Leiden *Retinitis pigmentosa*, das zu einer langsamen Ablösung der Netzhaut führt. Sehnerven und Sehzentren im Gehirn bleiben dabei intakt, und das ist eine wesentliche Voraussetzung dafür, dass eine künstliche Netzhaut überhaupt dem Blinden hilft.

Die zugrunde liegende Idee ist einfach: Normalerweise reagieren die empfindlichen Sehzellen der Netzhaut auf Licht und wandeln dieses in elektrische Signale um. Weitere Schichten von Nervenzellen (»Ganglienzellen«) verarbeiten diese Signale und leiten sie über den Sehnerv zum Gehirn, wo aus den elektrischen Impulsen Bilder entstehen. Wenn man nun bei einem Netzhautdefekt die Ganglienzellen direkt reizt, so die Überlegung, müsste auch eine Wahrnehmung entstehen. Augenärzte in den USA haben das bereits gezeigt: Bei blinden Freiwilligen führten sie hauchdünne Platindrähte (Elektroden) bis dicht an die Ganglienzellen ins Auge und reizten diese durch kurze Stromstöße. In ersten Versuchen sahen die Patienten nur Lichtpunkte, inzwischen ist es aber den Wissenschaftlern mit Hilfe eines Bündels von Elektroden gelungen, bei den Patienten mehr als nur Lichtpunkte zu erzeugen: Die Betroffenen nahmen sogar schemenhaft Bewegungen und einfache Formen wahr. Als dauerhafte Sehprothese eignen sich die Drähte aber nicht, sie müssen nach ein paar Stunden wieder aus dem Auge entfernt werden, weil sich dieses sonst entzündet. Deshalb suchen Forscher nach elektronischen Bauteilen, die sie in die Netzhaut einsetzen können. In Deutschland konkurrieren zwei Gruppen:

Das Team um Rolf Eckmiller von der Universität Bonn hat eine Sehprothese entworfen, bei dem in einem Brillengestell

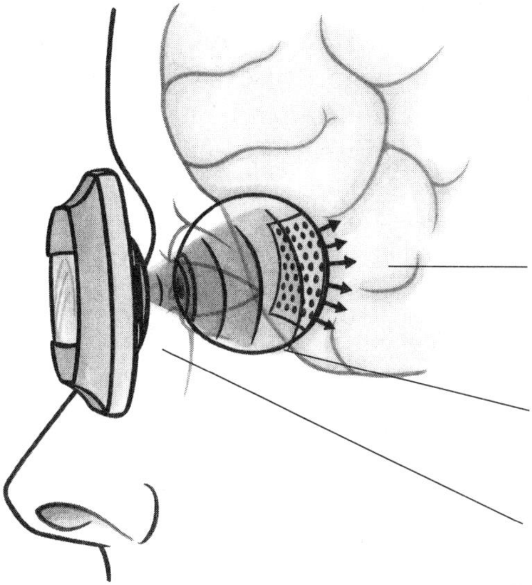

Schema des Systems von Rolf Eckmiller

einige zehntausend Photorezeptoren untergebracht sind. Sie messen das Licht, eine Elektronik verrechnet die Lichtsignale, ähnlich wie dies auch im Auge geschieht. Dadurch entsteht ein rudimentäres Muster, welches die Umgebung bereits in Farben, Formen oder Bewegung darstellt. Per Laser oder Radiowellen werden die Daten dann an die eigentliche künstliche Netzhaut gefunkt: eine Folie mit einigen hundert winzigen Elektroden. Jede Elektrode hat direkten Kontakt zu einer Ganglienzelle. Wenn nun die elektrischen Signale per Funk auf die Folie eintreffen, reizen sie die Ganglienzellen, die wiederum eine elektrische Botschaft über den optischen Nerv zum Gehirn senden.

Selbst wenn alle technischen Probleme gelöst wären: Würde man einem Blinden die künstliche Netzhaut implantieren und die Brille aufsetzen, dann würde er keineswegs sofort sehen. Denn zunächst sind die Verbindungen zwischen den Photorezeptoren in der Brille und den Ganglienzellen zufällig. Der Clou ist, dass die Elektronik lernen kann. Der Patient kann sie so lange einstellen, bis die Signale bei den richtigen Zellen ankommen, das heißt, bis er möglichst gut sieht. Ähnlich wie man ein Fernrohr scharf stellen kann, ist es möglich, die Netzhaut zu justieren.

Das andere System, das unter der Leitung des Tübinger Professors Eberhart Zrenner entwickelt wird, kommt ohne Brillengestell und Funkverbindung aus. Statt dessen wird direkt ins Auge ein nur drei Millimeter großes Feld von 7600 schachbrettartig angeordneten Elektroden eingepflanzt. Jede Elektrode ist wiederum mit einer Ganglienzelle verbunden.

Beide Implantate werden zurzeit an Tieren getestet. Was Vorhersagen für den Menschen betrifft, so sind Rolf Eckmiller und Eberhard Zrenner nach anfänglicher Euphorie mittlerweile vorsichtig geworden. Genaue Zeitangaben, wann die ersten Patienten von der Technik profitieren werden, wollen sie nicht machen. Dafür sind noch zu viele Fragen offen, etwa: Verarbeitet das Gehirn visuelle Reize nach ähnlichen Organisationsprinzipien wie die Netzhaut? Wie gut vertragen die Nervenzellen im Auge die ständige elektrische Reizung? Ganz abgesehen davon, dass das Kardinalproblem der Neuroprothetik bislang nicht gelöst ist: Wie schafft man es, dauerhaft das Nervengewebe mit elektronischen Schaltkreisen zu koppeln?

Einer der Spezialisten auf diesem Gebiet ist Peter Fromherz vom Max-Planck-Institut für Biochemie in Martinsried bei München. Er hat weniger die Neuroprothetik im Auge, als dass er genau verstehen will, wie sich elektrische Signale zwischen Nervenzellen ausbreiten. Weil sich solche Signale mit einem Transistor messen lassen, kam er auf die Idee, Zellen auf Mikrochips wachsen zu lassen – keine einfache Aufgabe. Denn wenn auch Computer und Gehirn beide elektrische Signale verwenden, so unterscheiden sich doch die Sprachen eines Transistors und einer Nervenzelle. Vor allem braucht die Zelle ein feuchtes Milieu, um zu überleben, die Elektronik dagegen mag es trocken. Mittlerweile kann Fromherz Chips und Nervenzellen verbinden, und die Kopplung funktioniert sogar in beide Richtungen: Der Chip registriert, was die Nervenzelle »spricht«; die wiederum lässt sich durch ein elektronisches Signal zum Feuern eines Aktionspotenzials anregen.

Aufregend daran ist, dass sich mit einem solchen Silizium-Kontakt ein einzelnes Neuron gezielt ansprechen lässt. Bisherige Elektroden – auch jene, die bei den Innenohr-Implantaten verwendet werden – reizen immer eine Vielzahl von Zellen. Diese Methode zahlt sich zwar aus, wenn man nicht genau weiß, welche Fasern man reizen muss, um eine Antwort im Gehirn zu erzielen. Eine gut funktionierende Neuroprothese muss aber Nervenzellen sehr genau ansprechen können. Inzwischen ist es Fromherz und seinen Mitarbeitern sogar gelungen, den Dialog zwischen Chip und Nervenzellen in beiden Richtungen zu verfeinern: Der Transistor schickt ein Signal an eine Nervenzelle, die wiederum eine zweite Nervenzelle stimuliert. Deren Aktionspotenzial wandert schließlich als elektrisches Signal zum Chip zurück. Außerdem arbeitet das Münchner Team daran, ein größeres Netz von Neuronen gezielt auf einem Chip wachsen zu lassen.

Die Experimente zur künstlichen Retina sieht Peter Fromherz eher skeptisch. Alle bisherigen Versuche, Nervenfasern mit Chips im Labor zusammenwachsen zu lassen, haben sich als sehr schwierig erwiesen. Fromherz experimentiert vor allem mit großen Blutegelzellen oder mit Schneckenzellen, weil diese gut wachsen und sich untereinander verschalten. Die Versuche mit Neuronen von Säugetieren dagegen sind schwieriger, weil sie kleiner und empfindlicher sind. Und wenn auch die Experimente im Labor funktionieren, der

Schritt zum menschlichen Körper ist enorm: Weil die Zellen dort von einer Art Schleim umgeben sind, welche die elektronischen Kontakte stören, ist es sehr schwierig, sie gezielt anzusprechen.

Solange die gut funktionierende Verbindung von Gehirn und Mikroelektronik noch Zukunftsmusik ist, versucht Jochen Quintern, seinen Patienten anders zu helfen. Quintern arbeitet an der Neurologischen Klinik im oberbayrischen Bad Aibling und er behandelt auch Querschnittsgelähmte. Deren Problem ist, dass das Rückenmark durchtrennt ist und keine Signale mehr vom Unterkörper und den Beinen zum Gehirn gelangen können. Manche seiner Kollegen versuchen bereits, die Fasern im durchtrennten Rückenmark mit implantierten Elektroden direkt zu reizen. Doch das ist schwierig, weil der Körper die Drähte abstößt, es kommt häufig zu gefährlichen Infektionen.

Quintern probiert es deshalb anders: Er verkabelt seine Patienten, indem er ihnen Elektroden auf die Hüften und Beine klebt. Die Elektroden sind über Drähte mit einem kleinen tragbaren Computer verbunden. Der Patient versetzt sich selbst harmlose Stromstöße, die seine Muskeln reizen, so dass einmal das linke, mal das rechte Bein vorschnellt.

Der Computer berechnet dabei, mit welchem Signal er welchen Muskel ansteuern muss. Dazu hat Jochen Quintern ein ausgefeiltes Modell entwickelt, das während des Trainings an den Patienten angepasst wird. Bewegungs- und Kraftsensoren messen unter anderem Schrittlänge und Knieausschlag und geben daraus eine Rückmeldung an den Computer. Dieser kann dann korrigierend eingreifen, indem er das Signal anpasst und so auf Muskelermüdung oder spastische Bewegungen reagiert. Wenn auch die Querschnittsgelähmten Monate des Trainings brauchen, um mühselig mit Hilfe eines Rollwagens ein paar Schritte zu gehen, ist es für sie dennoch ein großer Fortschritt, dass sie überhaupt aus ihrem Rollstuhl herauskommen. Einer der insgesamt zwanzig Patienten, die unter Quinterns Anleitung per Stromstoß ihre Muskeln bewegen, kann mittlerweile sogar Treppen steigen.

Elektroden ins Ohr oder Rückenmark, Mikrochip ins Auge – manche werden sich fragen, wann man Menschen Elektronik ins Gehirn einpflanzen wird. Das ist bereits geschehen. Kürzlich öffneten amerikanische Ärzte den Schädel eines 53-jährigen Mannes, der nach einem Schlaganfall vollständig gelähmt im Krankenhaus von Atlanta lag. Dieser Mann kann noch nicht einmal den kleinen Finger rühren, geschweige denn sprechen. Bei der Operation setzten die Forscher ihm zwei winzige Elektroden in jenen Bereich ein, der bei Gesunden die Bewegung steuert. Zuvor hatten sie die Elektroden mit einer Substanz versehen, welche Nervenzellen zum Wachsen anregt. Im Gehirn wuchsen binnen Monaten Nervenfasern und umschlangen die Elektroden. Sie wirken wie eine Antenne und schicken die Signale der Nervenzellen an einen Computer. Dort erscheinen sie als Pfeil, der auf verschiedene Sätze zeigt: »ich bin durstig« oder »ich habe Hunger« oder »ich will schlafen«. Zunächst waren die Botschaften des Gelähmten völlig willkürlich. Doch nach einem Training konnte er mittels Hirnströmen den Pfeil steuern und so signalisieren, dass er Durst oder Hunger hatte. Auch experimentieren Mediziner seit mehreren Jahren mit Parkinson-Patienten. Sie pflanzen ihnen Schrittmacher in das Zwischenhirn ein: an die Stelle, wo ständig oszillierende Nervenzellen sitzen, welche durch ihr Feuern das unkontrollierte Zittern der Gliedmaßen der Betroffenen verursachen. Indem der Schrittmacher ein schnelles elektrisches Wechselfeld aussendet, bleiben die störenden Nervenzellen gleichsam gelähmt.

Unumstritten sind diese Versuche nicht, denn – so die Horrorvorstellung – eines Tages könnte die Elektronik das Kommando übernehmen. Denkbar wäre auch, dass jemand von außen – per Funk etwa – den Schrittmacher oder ein anderes elektronisches Bauteil ohne das Wissen des Betroffenen steuert. Auf diese Weise ließen sich Menschen leicht manipulieren. Doch weil es so schwierig ist, Silizium und Nervengewebe dauerhaft zu koppeln, wird es wohl noch eine Weile dauern, bis solche Visionen nicht mehr nur dem Reich der Sciencefiction zuzurechnen sind.

Nicht mehr Sciencefiction sind Experimente mit Parkinson-Patienten, denen man Gehirnzellen von abgetriebenen Embryonen einpflanzt. Zu Recht lösen die Versuche Diskussionen darüber aus, ob wirklich alles erlaubt sein soll, was technisch möglich ist. Parkinson oder Schüttellähmung ist eine Gehirnkrankheit, bei der ein Kern von Nervenzellen im Motorzentrum des Mittelhirns abstirbt. Diese Nervenzellen stellen normalerweise den Botenstoff Dopamin her. Mangelt es dem Gehirn an Dopamin, so sind die Betroffenen in ihrer Bewegung gestört. Sie können nur mehr mit kleinen Schritten gehen, ihr Gesicht erstarrt zu einer Maske und ihre Hände beginnen, unkontrolliert zu zittern. Zu Beginn der Krankheit behandelt man sie mit dem Medikament L-Dopa, das den Dopamin-Mangel ausgleicht. Doch L-Dopa wirkt nach einer gewissen Zeit nicht mehr.

Die Idee war deshalb, das geschädigte Gewebe zu regenerieren, indem man Zellen einpflanzt. Das können aber nicht irgendwelche Neuronen sein, denn ausgewachsene Gehirnzellen bilden in der Regel keine neuen Verbindungen mehr. Deshalb begannen schwedische Ärzte vor etwa 15 Jahren, einigen Parkinson-Patienten die Gehirnzellen von Embryonen zu spritzen, weil diese noch anpassungsfähig sind. Von großen Erfolgen kann man allerdings kaum sprechen. Im Gegenteil: Eine US-Forschergruppe warnt davor, die Einpflanzung embryonaler Zellen als »Therapie« zu verkaufen. Bei einer Doppelblind-Studie mit 40 Parkinsonpatienten (die Hälfte der Versuchspersonen wurde tatsächlich behandelt, die anderen bekamen nur den Schädelknochen angebohrt, und weder

Patienten noch Ärzte wussten, wer zu welcher Gruppe gehörte) fühlten sich nur die Jüngeren, die ein Transplantat erhalten hatten, besser. Bei mehreren Betroffenen stellten sich sogar Bewegungsstörungen ein. Die Forscher vermuten, dass die embryonalen Nervenzellen bei diesen Patienten mit der Zeit zu viel Dopamin produziert haben oder in falsche Regionen des Gehirns gewandert sind.

Auch Ethiker warnen vor den Folgen solcher Experimente, die man mittlerweile ebenfalls an Menschen mit der tödlichen Gehirnkrankheit Veitstanz anwendet. Denn es ist nicht auszuschließen, dass Frauen genötigt werden abzutreiben, um etwa einem Verwandten mit einer Zellspende zu helfen. Falls sich die Therapie durchsetzt, werden die Zahl der durch Abtreibungen gewonnenen Embryonen nicht ausreichen, um alle Parkinson-Patienten zu behandeln. Deshalb suchen Forscher nach Alternativen, etwa der Transplantation von Schweinegewebe. Erste Versuche sind in den USA gelaufen, doch auch sie ohne große Erfolge: Ein Forscherteam hatte Parkinsonkranken in einem Doppelblindversuch Schweinezellen eingepflanzt und musste einräumen, dass es anderthalb Jahre nach dem Eingriff den Behandelten nicht besser ging als der Kontrollgruppe.

Der Bonner Gehirnforscher Detlef Linke warnt noch aus einem anderen Grund vor den Verpflanzungen. Seiner Meinung nach könne man nicht ausschließen, dass die fremden Zellen dem Gehirn ihre Eigenart aufprägen, es zwingen, sich neu zu organisieren. Das Problem ist nicht, sagt Linke, dass ein Mensch Eigenschaften einer anderen Person oder sogar eines Schweins annimmt, sondern dass er eigene Merkmale verliert und neue entwickelt, die er sonst nie besitzen würde.

Schlaue Computer

Der Mann lebte nicht lange. Ob Julien Offroy de La Mettrie eines natürlichen Todes oder an Gift starb, ist bis heute ungeklärt. Jedenfalls schied er 1751, kurz vor seinem 42. Geburtstag, aus dem Leben. Der Franzose La Mettrie wurde als Militärarzt wegen seiner Religionsfeindlichkeit entlassen. »Der Mensch ist mit Leib und Seele Maschine«, schrieb er später in seinem Hauptwerk ›Der Mensch eine Maschine‹. La Mettrie hatte sich inspirieren lassen von der Ingenieurskunst von Jacques de Vaucanson, der für seine mechanischen Figuren – Enten und Flötenspieler etwa – berühmt geworden ist.

Der Mensch ist eine Maschine – das war damals ein skandalöser Gedanke. Doch auch heute ist vielen Menschen unwohl bei der häufig zitierten Analogie zwischen Gehirn und Computer. Wenn das Gehirn ein Computer ist, wie kommt dann der freie Wille zustande? Und andersherum gefragt: Können Computer dann möglicherweise denken?

Als in den fünfziger Jahren Computer Einzug in die Wissenschaft hielten (die Militärs hatten sie schon ein paar Jahre früher verwendet), eröffnete sich damit auch das Gebiet der Künstlichen Intelligenz, kurz KI: Maschinen konnten rechnen, aber konnten sie auch wie der Mensch sehen, laufen, reden und planen? Zunächst war man optimistisch. »Es gibt jetzt auf der Welt Maschinen, die denken lernen und schöpferisch tätig sein können«, prophezeite der KI-Pionier Herbert Simon. »Ihre Fähigkeiten werden sich in kurzer Zeit so steigern lassen, dass in absehbarer Zukunft Probleme bearbeitet werden können, die dem menschlichen Denken vorbehalten waren. In spätestens zehn Jahren wird ein Computer Schachweltmeister.« Ein wenig zu optimistisch, wie wir noch sehen werden. Aber spätestens nach dem KI-Programm Eliza sahen viele Forscher keine prinzipiellen Grenzen für intelligente Maschinen. Eliza war die Schöpfung des amerikanischen Computerwissenschaftlers Joseph Weizenbaum und simulierte täuschend echt das erste Gespräch zwischen einem Psychotherapeuten und seinem Patienten. Wenn das so einfach ist, so dachte man, müsse es doch auch möglich sein, einen Roboter zu bauen, der sehen, hören und sprechen konnte.

Ein paar Jahrzehnte später mussten die KI-Forscher eingestehen, dass sie im Wesentlichen gescheitert waren. Nicht auf der ganzen Linie, denn immerhin hat 1997 – dreißig Jahre später als Herbert Simon vorausgesagt hatte – der Schachcomputer ›Deep Blue‹ einen Weltmeister in die Knie gezwungen. Auch arbeiten in Fabriken Roboter, die schweißen, sortieren oder lackieren. Doch sie können immer nur Routinejobs erledigen. So ein Roboter würde schon versagen, wenn er es plötzlich mit einem anderen Autotyp zu tun hätte.

Auch die Schachwelt ist eine sehr spezielle Welt. Nur weil ein Computer es mit einem Weltmeister aufnehmen kann, heißt das noch lange nicht, dass wir bald von intelligenten Maschinen umgeben sein werden. Schach ist deshalb leicht zu programmieren, weil es auf festen und im Grunde einfachen Regeln basiert. Auch Expertensysteme folgen Regeln, die logisch verknüpft sind, und haben sich deshalb eine Nische in der KI erobert. Erfolgreich waren in den letzten Jahren ebenfalls Computerprogramme, die mathematische Theoreme beweisen. Hier kommt es ebenfalls weniger auf die Intuition an als auf ein streng formales Vorgehen. Ein künstliches Gehirn mit menschlichen Fähigkeiten zu bauen, hat sich dagegen ungleich schwieriger herausgestellt als zunächst vermutet. Den sehenden und laufenden Automaten, der sich in einer fremden Umgebung zurechtfindet, gibt es jedenfalls immer noch nicht.

Unterschätzt haben die KI-Forscher vor allem die Schwierigkeit, Alltagswissen in Software umzusetzen. Sie dachten, dass die Intelligenz, die ein Roboter braucht, um zu sehen, leicht zu programmieren ist, Spezialwissen dagegen schwer.

Genau das Gegenteil stimmt. Rechner können hochgezüchtete Intelligenzleistungen in bestimmten Spezialgebieten erbringen – eben Schach spielen oder Theoreme beweisen. Doch der gesunde Menschenverstand lässt sich nicht ohne weiteres in einen Computercode fassen.

In gewissen Dingen ähneln sich Gehirne und Computer. Beide bestehen aus Fasern: Nervenfasern einerseits, Drähte andererseits. Sie sprechen eine elektrische Sprache: Aktionspotenziale im Gehirn, elektrischer Strom im Computer. Sie erhalten eine Eingabe von außen – von den Sinnesorganen beziehungsweise vom Programmierer –, und sie produzieren eine Ausgabe: die Bewegung eines Muskels zum Beispiel beziehungsweise das Ergebnis einer Rechnung.

Was im Inneren der grauen Materie passiert, ist jedoch ungleich komplizierter als in einem Elektronengehirn. Hunderttausende von Nervenzellen sind gleichzeitig aktiv und tauschen Botschaften untereinander aus. Hinzu kommt, dass unser Gehirn lernfähig ist: Zu jedem Zeitpunkt des Lebens können, wie man mittlerweile sicher weiß, Verbindungen zwischen den Zellen sich neu bilden, verstärken, abschwächen oder auch absterben. Wenn schon die reine Rechenkraft beziehungsweise die abstrakte Logik nicht zum denkenden Roboter führt, dann kann vielleicht das Gehirn als Vorbild weiterhelfen. Diese Überlegung führte in den achtziger Jahren zu einer ganz neuen Richtung der KI: den Neuronalen Netzen. Darunter versteht man Computerprogramme, deren Arbeitsweise dem Gehirn abgeschaut ist.

Schon 1943 hatten die amerikanischen Psychologen Warren McCulloch und Walter Pitts das einfache Modell einer Nervenzelle vorgeschlagen. Danach würde ein Neuron die über die Dendriten hereinkommenden elektrischen Signale aufsummieren. Falls die Summe über einer bestimmten, physiologisch festgelegten Schwelle liegt, feuert das Neuron ein Aktionspotenzial, ansonsten ist es ruhig.

Diese zugegebenermaßen simple Vorstellung einer Nervenzelle ist heute Grundlage fast aller Neuronalen Netze. Diese nutzen noch eine andere, alte Idee. 1949 hatte der kanadische Psychologe Donald Hebb überlegt, dass die Verbindung zwischen zwei Nervenzellen sich verstärkt, wenn die beiden Zellen mehrmals gleichzeitig gereizt werden. Diese Verbindung schleift sich gleichsam ein, so dass später die Reizung eines einzelnen Neurons ausreicht, um das andere zu erregen. Hebb hatte seine Lernregel ohne physiologische Grundlage postuliert, doch in den letzten Jahren hat sich herausgestellt, dass es tatsächlich einen ähnlichen Verstärkungsmechanismus im Gehirn gibt. Neuronale Netze sind beileibe nicht neu. Schon in den siebziger Jahren hatten Wissenschaftler mit solchen Programmen experimentiert. Sie gerieten praktisch über Nacht allerdings außer Mode, nachdem der bekannte KI-Forscher Marvin Minsky bewiesen hatte, dass die damaligen Netze bestimmte, sehr einfache Aufgaben nicht lösen konnten. Die Netze erlebten in den achtziger Jahren dann eine Renaissance, nachdem der Physiker John Hopfield Parallelen zwischen einem bekannten physikalischen Modell und Neuronalen Netzen entdeckte.

Danach begann ein wahrer Boom. Insbesondere fanden Forscher heraus, dass man sehr leicht mit einem bestimmten Rechenverfahren Netze auf Aufgaben trainieren kann. Dabei verstellt man die Verbindungen zwischen den künstlichen Nervenzellen so lange, bis gezeigte Eingabemuster gelernt sind, bis also das Netz auf ein vorgegebenes Eingabemuster das zugehörige Ausgabemuster berechnet. Danach kann das Netz auch neue Muster erkennen, die es zuvor nicht trainiert hat.

Der Amerikaner Terry Sejnowski hat zum Beispiel einem Netz Englisch beigebracht. Es lernt anhand von Beispielen – ohne fest einprogrammierte Regeln – die Aussprache englischer Wörter. NETtalk besteht aus insgesamt 309 Neuronen in mehreren Schichten. Am Anfang produzierte das Netz völlig unsinnige Laute, die nicht mit den gezeigten Buchstaben oder Wörtern übereinstimmen – so, als ob ein Baby brabbeln würde. Nach einem Training aber, bei dem das Netz 1024 Wörter präsentiert bekam, passte es seine Verbindungen an. Danach konnte es auch Wörter richtig aussprechen, die nicht unter den vorgespielten Mustern waren.

Haben Sie immer mal davon geträumt, die Börse vorherzusagen und über Nacht reich zu werden? Nun wäre es sicherlich übertrieben zu behaupten, dass Sie nur ein Neuronales Netz brauchen, um Millionär zu werden, doch die Technik wird durchaus von Banken verwendet, um Kurse vorherzusagen. Im Verbund können die künstlichen Neuronen nämlich aus einer Datenmenge die wesentlichen Informationen herausfiltern, zum Beispiel aus den Börseninformationen der letzten Jahre die Tatsache, dass etwa der Dollarkurs von Tokio beeinflusst wird. Auch können sie eine Zeitreihe fortsetzen und damit eine Vorhersage machen. Die Firma Siemens hat beispielsweise ein solches Vorhersagesystem auf der Basis von Neuronalen Netzen entwickelt. Seine Trefferquote soll um ein paar Prozentpunkte besser sein als die herkömmlicher mathematischer Methoden.

Neuronale Netze entziffern mittlerweile auch handschriftliche Briefkuverts oder Unterschriften auf Kreditkartenbelegen. Sie steuern Zementfabriken oder prognostizieren Aktienkurse. Allerdings ist nach dem Boom auch wieder Ernüchterung eingekehrt. Denn in vielen Fällen schneidet ein Netz auch nicht besser ab als andere statistische Vorhersagemethoden.

Sein wesentlicher Vorteil besteht darin, dass es leicht zu programmieren ist. Es ermöglicht, auch solche Systeme nachzubilden, von denen es keine Modelle gibt, zum Beispiel eben die Börse. Allerdings haben Experten in den letzten Jahren erkannt, dass es meist nicht ausreicht, ein Netz mit Beispielen zu füttern und auf treffende Vorhersagen oder gute Ergebnisse zu warten. Damit es schwierige Aufgaben lösen kann, muss man dem Netz häufig Vorwissen über das Problem mit auf den Weg geben. Auch Babys kommen schließlich nicht mit einem völlig unorganisierten Gehirn, als »tabula rasa« auf die Welt. Vielmehr sind durch die Gene schon wichtige Verbindungen angelegt. Ein Säugling kann zum Beispiel Laute auseinander halten, weshalb man vermutet, dass Sprache teilweise in den Genen steckt. Während das Kind heranwächst, passt sich das Geflecht der Nerven allmählich an die Umgebung und die Erfahrungen an. Ähnlich muss es wohl mit den Neuronalen Netzen sein, die sich auch zunächst im Datendschungel zurechtfinden müssen.

Nicht alle Neuronalen Netze kommen als Computerprogramme daher. Manche sind direkt in Silizium gegossen, wie etwa die künstliche Netzhaut des US-Forschers Carver Mead: ein Mikrochip, dessen Oberfläche aus fünfzig mal fünfzig lichtempfindlichen Sensoren besteht. Verknüpft sind sie mit weiteren »Nervenzellen«, die ähnliche Berechnungen machen wie die Ganglienzellen im menschlichen Auge: Sie ermitteln Helligkeitskontraste, Bewegungen oder Farbkontraste und sind deshalb ideal als Roboteraugen. Solche »Neurochips« haben den Vorteil, dass sie sehr schnell rechnen können, da die Hardware auf die jeweilige Aufgabe zugeschnitten ist.

Der Boom der Neuronalen Netze hat auch den Computerentwicklern zu denken gegeben. Herkömmliche Rechner bestehen aus einem Rechenelement, das schrittweise die Befehle abarbeitet. Allenfalls Superrechner wie die Modelle der Firma Cray arbeiteten schon in den achtziger Jahren mit ein paar Prozessoren gleichzeitig. Wenn Gehirne so erfolgreich sind, weil sie Milliarden von Rechenelementen für sich arbeiten lassen, so die Überlegung, dann müssten doch auch Computer mit vielen Prozessoren besonders schnell und gut für die KI sein. Deshalb begannen Physiker und Informatiker, solche Maschinen zu entwerfen, eine der berühmtesten ist die Connection Machine von Dany Hillis. Der Vordenker gründete in Cambridge die Firma Thinking Machines und baute Computer, die zunächst ein paar hundert, später auch bis zu 10 000 vernetzte Prozessoren enthielten. Ähnlich funktionierten die Modelle der deutschen Firma Parsytech. Doch obwohl die Idee eines solch massiv parallelen Computers gut war, setzte sie sich nicht richtig durch. Das lag vor allem daran, dass die Parallelrechner schwierig zu programmieren waren und es keine Standardsoftware gab. Außerdem bietet eine Workstation heute fast so viel Rechenleistung wie eine Connection Machine von damals. Dany Hillis jedenfalls musste seine Firma schließen und arbeitet jetzt als Entwickler für Walt Disney.

15 Jahre nach dem zweiten Goldrausch der KI sind die meisten Computerspezialisten wieder etwas nüchterner geworden. Sicher, es gibt noch kühne Visionäre wie Hans Moravec von der Carnegie Mellon Universität im amerikanischen Pittsburgh, der Maschinen prophezeit, die 2020 so lernfähig wie Mäuse, 2030 so intelligent wie Affen und 2050 so schlau wie der Mensch sein werden. Die meisten Fachleute jedoch halten sich bei genauen Vorhersagen zurück. »Eher in hundert als in fünfzig Jahren«, sagt zum Beispiel Gustavo Deco, der bei der Firma Siemens intelligente Nervennetze entwirft. Die Fortschritte auf dem Weg zum sehenden Roboter sind zwar erkennbar, doch Neuronale Netze haben bislang menschliche Intelligenz nicht ersetzen können. Noch immer warten wir auf den Roboter, der uns die Wohnung putzt und morgens Kaffee ans Bett bringt. Werden wir also überhaupt eines Tages von intelligenten Maschinen umgeben sein? Können Rechner überhaupt denken?

Noch nicht, sagt Christoph von der Malsburg. Doch der Bochumer Physiker, einer der prominentesten Vordenker auf dem Gebiet der Neuronalen Netze, sieht kein prinzipielles Hindernis für intelligente Maschinen. Zu Beginn hätten Computer in einer sehr eng codierten, formalisierten Welt gearbeitet, in der Daten von Menschen aufgearbeitet werden mussten, damit der Rechner sie verdauen konnte. Jetzt, da man beginne, menschliche Gehirne zu imitieren, könnten Computer beginnen, ihre Augen für die Umwelt zu öffnen, glaubt von der Malsburg. Das war bislang eines der wesentlichen Probleme: Wenn Menschen in eine fremde Stadt kommen, prasseln unglaublich viele Sinnesinformationen auf sie ein. Doch ihr Gehirn schafft es, aus der Datenfülle ein kohärentes Bild zu liefern, weil es die langjährige Erfahrung nutzt: Es weiß, dass Straßen immer rechts und links einen Bürgersteig oder Leitplanken haben oder dass der Himmel oben und nicht unten ist. Weil die Computer so leistungsfähig sind, könne man jetzt beginnen, sie auch große Datenmengen verarbeiten und aus Erfahrungen lernen zu lassen, sagt von der Malsburg. »Soft Computing« nennt er diesen Ansatz, bei dem man dem Rechner eben nicht möglichst viel Wissen in Form von Regeln einbläut, sondern ihn lernen lässt.

Es ist offensichtlich, dass das Gehirn nicht als fertige Maschine auf die Welt kommt. Das belegen Säuglinge, aber auch die KI. Denn es ist unmöglich, eine Maschine zu bauen, die nur aufgrund programmierter Regeln so leistungsfähig wie ein Gehirn ist. Damit erübrigt sich auch eine Diskussion um den freien Willen. Denn wenn das Gehirn nicht fertig programmiert ist, bleibt auch Raum für den freien Willen.

Seit Jahren bemühen sich manche Philosophen zu beweisen, dass Computer nicht intelligent sein können. »Ihre Argumente beruhen auf der klassischen KI«, sagt von der Malsburg: dass nämlich eine Maschine ein Problem erst abarbeiten könne, wenn der Programmierer es in Software umgesetzt habe. Unter dieser Annahme könne man tatsächlich daran zweifeln, ob die Intelligenz in der Maschine stecke oder im Programmierer. Doch wenn ein Computer Daten aus der Umwelt aufnimmt, sie miteinander verknüpft, kann tatsächlich so etwas wie Intelligenz daraus erwachsen. Das ist allerdings ein Szenario der Zukunft, gibt Christoph von der Malsburg zu.

Glossar

Aphasie
Sprachausfall, der nach einem Schlaganfall oder durch einen Tumor auftreten kann, wenn die Sprachzentren des Gehirns geschädigt sind. Je nach Schädigung treten unterschiedliche Aphasien auf, bei denen die Patienten etwa grammatikalisch fehlerhaft sprechen oder sinnlose Sätze bilden.

Assoziationsfelder
Teile des Gehirns, in denen verschiedene Sinneseindrücke zusammenkommen. Wenn sie beschädigt sind, erleben Menschen die Welt als bruchstückhaft.

Broca'sches Areal
Einer der Bereiche, die Sprache verarbeiten. Paul Broca war ein französischer Nervenarzt, der dieses Gebiet entdeckte und damit deutlich machte, dass Gehirnfunktionen lokalisiert sind.

Cortex
Lateinischer Ausdruck für Großhirn.

Computertomografie
Eine Röntgenaufnahme des Gehirns. Eine spezielle Computertechnik setzt aus zweidimensionalen Schnittbildern ein räumliches Bild des Gehirns zusammen.

Gedächtnis
Es besteht aus einem Kurzzeitspeicher, mit dem wir uns für höchstens ein paar Minuten etwas merken, sowie dem Langzeitgedächtnis. Eine wichtige Rolle spielt der Hippocampus,

der Lerninhalte verarbeitet und teilweise speichert. Nach einer gewissen Zeit werden Inhalte vermutlich auf verschiedene Bereiche des Gehirns verteilt.

Graue Materie
Sie besteht im Wesentlichen aus den Zellkörpern der Nervenzellen, die den äußeren Schichten des Gehirns ihre graue Farbe geben. Im Gegensatz dazu sind die Nervenfasern weißlich.

Hypothalamus
Die hormonelle Schaltzentrale des Gehirns kontrolliert Funktionen wie Blutdruck, Temperatur oder Hungergefühl.

Intelligenz
Fachleute streiten über die genaue Definition. Manche Psychologen glauben nicht, dass es eine Intelligenz gibt, sondern viele, wozu sie auch soziale und emotionale Fähigkeiten zählen. Andere verstehen unter Intelligenz kognitive Fähigkeiten: Wie gut kann jemand logisch und abstrakt denken oder Probleme lösen? Sie glauben, dass diese Fähigkeiten als Intelligenzquotient (IQ) messbar sind.

Kernspintomografie
Mit Hilfe magnetischer Felder macht das Verfahren Wasserstoffkerne sichtbar und damit verschiedene Gewebetypen. Die auch als Magnetresonanz-Tomografie bekannte Methode liefert zur Zeit die schärfsten Bilder des Gehirns. Eine Erweiterung, die funktionelle Kernspintomografie, kann sogar den Blutfluss und damit die Aktivität von Nervenzellen sichtbar machen.

Künstliche Intelligenz (KI)
Die Suche nach Maschinen, die – wie der Mensch – sehen, hören und laufen, möglicherweise sogar denken können.

Während es in der Sciencefiction-Literatur von KI-Systemen wimmelt, sind die Fortschritte in der Wissenschaft eher langsam. Industrieroboter können nur stereotype Aufgaben ausführen, für echte Intelligenz bedarf es einer enormen Rechenleistung sowie lernfähiger Computerprogramme.

Limbisches System
Oft auch als das Gefühlszentrum des Gehirns bezeichnet, ist es keine streng abgegrenzte Hirnregion, sondern besteht aus verschiedenen Teilen, die sich unter der Hirnrinde verbergen. Die wichtigsten sind der Hippocampus und die Amygdala, deren Nervenzellen eine entscheidende Rolle beim Lernen, Gedächtnis sowie der Verarbeitung von Gefühlen spielen.

Lokalisationstheorie
Jede Funktion des Gehirns, Sprache, Sehen oder Bewegung zum Beispiel, nimmt einen eigenen Bereich ein. Die Lokalisationstheorie ist seit der Mitte des 19. Jahrhunderts allgemein akzeptiert, seitdem man weiß, dass Sprache in bestimmten Regionen entsteht. Auch bildgebende Verfahren haben die Vorstellung bestätigt.

Nervenzelle, Neuron
Die kleinste »Recheneinheit« des Gehirns. Insgesamt umfasst das Gehirn 300 bis 400 Milliarden Nervenzellen. Jede Zelle besteht aus einem Zellkörper, den Dendriten (sie empfangen die elektrischen Signale anderer Zellen) sowie einem Axon, das ein Signal aussenden kann.

Neuronale Netze
Lernfähige Computerprogramme, deren Bauweise das Gehirn imitiert. Grundlage sind einfache Modelle von Nervenzellen, die in mehreren Schichten miteinander verschaltet sind. Meistens lernen die Netze anhand der »Hebb'schen Regel«, die

eine Verbindung zwischen den Zellen verstärkt, wenn die Zellen mehrmals gleichzeitig elektrisch aktiv sind.

Neuroprothesen
Elektroden oder Mikrochips, die defekte Nervenleitungen überbrücken oder Sinnesorgane ersetzen sollen. Am weitesten fortgeschritten sind elektronische Implantate für das Innenohr. Außerdem forschen Fachleute an einer künstlichen Netzhaut sowie an der Möglichkeit, durchtrennte Rückenmarksfasern zu überbrücken, damit Querschnittsgelähmte wieder gehen können.

Neurotransmitter
Eine chemische Substanz, welche die Nervenzellen an ihren Synapsen ausschüttet, wenn dort ein elektrisches Signal ankommt. Etwa 50 verschiedene Neurotransmitter wirken als Botenstoffe im Gehirn, indem sie elektrische Signale über die Synapsen weiterleiten. Wenn ihr Gleichgewicht gestört ist, kann es zu Geisteskrankheiten wie Schizophrenie, Depression oder Parkinson kommen.

Oszillationen
Nervenzellen im Gehirn können im Takt elektrische Signale aussenden. Entdeckt wurden solche Oszillationen von der Gruppe um Wolfgang Singer am Frankfurter Max-Planck-Institut für Gehirnforschung. Viele Wissenschaftler glauben, dass das Schwingen ein wichtiges Signal der Nervenzellen ist.

Positronen-Emissions-Tomografie (PET)
Die erste bekannte Methode, um den Blutfluss im Gehirn sichtbar zu machen. PET wird mittlerweile vor allem verwendet, um spezielle Moleküle, insbesondere die Rezeptoren von Neurotransmittern, sichtbar zu machen.

Sinne
Der Mensch hat sechs Sinne: Sehen, Hören, Riechen, Schmecken, Fühlen sowie den Gleichgewichtssinn. Für jeden Sinn ist ein besonderer Bereich des Gehirns zuständig, der die entsprechenden Signale der Sinnesorgane in Wahrnehmungen und Empfindungen umsetzt. Am besten erforscht ist das Sehen.

Synapse
Die Kontaktstellen zwischen Dendriten und Axonen. Jede Nervenzelle kann bis zu zehntausend Synapsen mit anderen Zellen bilden. Insgesamt schätzt man die Zahl der Synapsen im Gehirn auf über hundert Billionen.

Synästhesie
Bei manchen Menschen scheinen sich die Sinne zu kreuzen. Sie schmecken Farben oder sehen Töne. Betroffen ist etwa eine von 25000 Personen. Worauf das Phänomen beruht, ist noch weitgehend unbekannt.

Thalamus
Eine Schaltzentrale zwischen den Sinnesorganen und der Hirnrinde, über welche Sinnesreize wandern. Der Thalamus ist vermutlich wichtig für die schnelle Bewertung von Sinnesreizen und für das Bewusstsein.

Zentrales Nervensystem
Es umfasst das Großhirn, das Kleinhirn sowie das Rückenmark und bildet die Schaltzentrale des Körpers.

Weitere Literatur

›Gehirn und Geist‹, Kenneth A. Klivington, Spektrum Akademischer Verlag, Heidelberg 1992.
Ein sehr gut bebildertes Buch, das eine Einführung in das Thema Gehirn bietet, ohne Fachwissen vorauszusetzen.

›Neurowissenschaften – eine Einführung‹, Eric Kandel, James H. Schwartz und Tom Jessell, Spektrum Akademischer Verlag, Heidelberg 1995.
Dieses knapp 1000 Seiten starke Werk ist die dritte Auflage des amerikanischen Klassikers für Medizinstudenten und Gehirnforscher, zu empfehlen allerdings nur für Leser mit biologischem Vorwissen.

›Neuropsychologie‹, Bryan Kolb, Ian Q. Wishaw, Spektrum Akademischer Verlag, Heidelberg 1996.
Das Buch liefert eine gute Ergänzung zum vorhergehenden, denn die Neuropsychologie nähert sich dem Gehirn eher vom Verhalten her als von den physiologischen Prozessen. Es beschreibt, wie geistige Leistungen – Sprache, Gefühle oder Bewegung – funktionieren.

›Linkes – rechtes Gehirn‹, Sally P. Springer, Georg Deutsch, Spektrum Akademischer Verlag, Heidelberg 1998.
Der Klassiker für all jene, die Asymmetrien der linken und rechten Gehirnhälften untersuchen. Das spannende Buch, das kürzlich als erweiterte Neuauflage erschienen ist, vermittelt einen ausgezeichneten Überblick über den Stand der Forschung und setzt praktisch kein Fachwissen voraus.

›Der Mann, der seine Frau mit einem Hut verwechselte‹, Oliver Sacks, Rowohlt Taschenbuch, Reinbek 1990.
Der Klassiker des amerikanischen Neurologen Sacks, der darin einfühlsam die Krankheitsbilder verschiedener Patienten beschreibt, vom Autisten bis hin zum Parkinson-Kranken.

›Wörter‹, George A. Miller, Spektrum Akademischer Verlag, Heidelberg 1993.
Ein sehr gut illustriertes und spannend geschriebenes Buch über viele Facetten der Sprache. Im Vordergrund stehen eher die linguistischen als die neurologischen Aspekte.

›Das Netz der Gefühle‹, Joseph LeDoux, dtv, München 2001.
Eines der wenigen Fachbücher über Gefühle. Der Autor ist einer der weltweit bekanntesten Spezialisten auf diesem Gebiet. Das Buch ist allerdings weniger eine Übersicht als eine gelungene Darstellung von LeDoux' Theorien und erfordert ein wenig Vorwissen über das Gehirn.

›Roboter – unsere nächsten Verwandten‹, Gero von Randow, Rowohlt, Reinbek 1997.
Der Untertitel deutet schon an, dass ›Zeit‹-Redakteur von Randow Respekt vor der Leistung der Roboter hat. Eine gelungene Übersicht über laufende und sehende Maschinen.

›Wie kommt die Welt in den Kopf?‹, Ulrich Schnabel und Andreas Sentker, Rowohlt Taschenbuch, Reinbek 1997.
Bewusstsein ist das heikle Thema der Gehirnforschung. Jeder versteht etwas anderes darunter. Die zwei ›Zeit‹-Redakteure haben es geschafft, verschiedene Theorien und Ansätze zusammenzutragen, indem sie Gehirnforscher und Philosophen auf der ganzen Welt besucht haben. Eine schöne, verständliche Übersicht.

Register